国家科学技术学术著作出版基金资助出版

材料生命周期评价
资源耗竭的㶲分析

Exergy-Based Resource Depletion Analysis in
Materials Life Cycle Assessment

聂祚仁　著

科学出版社

北　京

内 容 简 介

本书主要论述材料生命周期评价资源耗竭表征模型及其应用；介绍热力学函数在解决资源耗竭表征难题中的理论价值；系统阐述料耗、能耗、地耗、水耗等不同类型资源耗竭定量评价方法的构建思路，以及各类资源在材料生命周期各个阶段的相互制约与转化规律；论证表征模型在分析材料生产流程资源转化效率中的应用潜力，在实践中揭示对各类资源消耗进行综合统一表征的科学意义。

希望本书能帮助读者认识、理解资源耗竭问题的物理实质，熟悉基于热力学指标的统一表征方法。本书可供材料科学与工程、资源循环科学与工程等专业本科生与研究生使用，也可供相关技术人员、管理人员参考。

图书在版编目(CIP)数据

材料生命周期评价资源耗竭的㶲分析/聂祚仁著. —北京：科学出版社，2021.5

ISBN 978-7-03-068799-9

Ⅰ. ①材… Ⅱ. ①聂… Ⅲ. ①材料-寿命评价②材料消耗-热力学-分析 Ⅳ. ①TB3

中国版本图书馆 CIP 数据核字(2021)第 089277 号

责任编辑：周 涵 田轶静 / 责任校对：杨 然
责任印制：赵 博 / 封面设计：无极书装

科学出版社 出版
北京东黄城根北街 16 号
邮政编码：100717
http://www.sciencep.com

涿州市般润文化传播有限公司印刷
科学出版社发行 各地新华书店经销

*

2021 年 5 月第 一 版 开本：720×1000 B5
2024 年 7 月第三次印刷 印张：12 3/4
字数：254 000

定价：108.00 元
(如有印装质量问题，我社负责调换)

序(一)

该书系统阐述了材料产品全生命周期资源消耗强度的表征方法，内容属于环境材料基础研究的前沿领域，开拓了热力学理论体系与研究方法在材料生产流程中的应用方式，对科学提升我国材料工业的资源管理水平、正确理解典型大宗材料制造流程的资源转化效率具有一定指导作用。

按其论述目的，全书内容分为三大部分，分别论述了材料生命周期评价技术产生的科学背景与基于热力学理论研究材料生产资源耗竭表征问题的基本思路，材料生产用各类自然资源耗竭表征模型的建立过程，以及材料生产流程资源耗竭(㶲)表征模型在典型材料生产系统中的应用。章节顺序安排科学合理，研究内容充实可信。

在背景叙述部分，从我国材料工业发展规模及材料生产的资源利用现状出发，讨论了生态环境材料这一科学概念的实际意义及其主要研究内容，引出了材料全生命周期评价技术体系中资源耗竭表征问题的发展现状与研究难点。

在模型建立部分，首先，从模型建立是否具有明确物理意义与所得特征化因子是否能够充分体现不同类型资源之间的可替代性两方面出发，对比分析了国际学术界已建立的多种资源耗竭表征模型的理论基础与应用价值，论述了采用热力学研究方法及典型热力学函数(㶲)解决资源耗竭表征问题的科学性与合理性。在此基础上，重点介绍了矿产资源、化石能源、土地资源、水资源等材料生产常用自然资源耗竭模型的建立过程，解决了纯物质混合(㶲)损失、材料供能系统能源转化交互耦合等重点科学问题，最终形成可统一表征各类资源耗竭的(㶲)特征化模型。

在模型应用部分，将材料流程资源耗竭(㶲)表征模型应用于分析典型无机非金属材料(水泥)与金属材料(钢铁、铝、镍)的全生命周期资源消耗情况，重点研究了利用工业废弃物生产水泥熟料的资源节约潜力与水泥窑脱硝系统运行的资源效率，采用轻量化金属材料制造汽车零部件的生命周期作用效果等关键问题，揭示了不同类型材料在全生命周期过程的资源消耗特点，指出了提升资源转化效率的改进途径。既说明了我国典型大宗材料生产的资源效率问题，也验证了所建立表征模型的合理性与科学性。

　　该书具有新的理论见解，文字叙述清楚，理论依据充分，是一本很有价值的学术著作，可为相关专业学生和研究人员提供参考。

左铁镛

中国工程院院士

2019 年 12 月

序(二)

资源消耗与环境影响表征是理解生态环境材料科学内涵的方法学基础，也是材料生命周期评价(life cycle assessment, LCA)方法学中的焦点科学问题。环境影响表征的理论和方法相对较为成熟，学术界已经达成一些科学共识。然而，对于产业系统的资源消耗对社会经济系统及自然系统的影响，目前的学科体系中尚未形成相对应的完整理论与方法。该问题的解决需要融合材料、环境等相关学科的基础理论，归纳提炼、推陈出新，形成有效的新见解与实用新方法。

该书立足于材料全生命周期资源消耗强度分析，深入解读了资源耗竭的物理内涵，辨析了物料、化石能源等输入物在材料生产流程中的数量变化与品质降低规律，阐述了资源耗竭的量变表现和质变表现，突破了现有生命周期评价技术体系中，传统资源耗竭表征模型(如 CML 等)在理论认识层面注重资源的经济表象而忽视物理本源，在计算实践层面注重宏观统计数据而忽视生产流程参数等科学问题。

环境工程注重区分人类活动圈与自然环境圈，主要研究人类生产活动系统与客观自然环境之间的相互作用关系，这与热力学理论中对所关注系统与系统之外客观环境的区分高度一致，在研究手段上具备相同的科学逻辑。材料产品在其全生命周期过程的各个阶段，均需与外界环境进行物质能量交换，即从环境中获取有价值的资源、向环境排放有害废弃物，从而维持其自身的稳定状态，应用热力学第一定律与第二定律可合理解释发生在各个生产环节的物质迁移和能量耗散效应，在此认识基础上，选取适当热力学函数作为定量分析基础，便可系统研究各类资源耗竭的表征方法。

在表征方法理论方面，本书以热力学函数(烟)为基础，将热力学理论与资源环境问题有机融合，为科学解决资源耗竭乃至某些环境问题的表征提供了新思路。就各个具体类型的资源耗竭模型而言，矿产资源与化石能源耗竭特征化因子建模计算过程的主要意义在于基础数据的本土化，充分反映我国生态特征，避免盲目采用国外数据造成的研究结果失真；土地资源、水资源耗竭以及污染物排放环境损害的表征问题，深涉生态环境学科，实属多学科交叉前沿课题，从热力学视角客观分析了材料全生命周期过程对自然资源系统的扰动。最终，将所建立的表征模型系统应用于我国水泥、铝、钢铁等材料生产流程的资源消耗强度分析，用实践检验了理论，验证了模型的合理性。书稿结构系统完整，科学方法理论创新明显，内容丰富，写作流畅，是一本很有参考价值的学术著作。

彭永臻

中国工程院院士

2019 年 12 月

前　言

改革开放四十多年来，我国材料工业发展迅速，钢铁、有色金属、水泥等大宗材料的年产量均位居世界前列，已成为世界的"材料生产中心"。另外，作为人类社会与自然环境之间物质交换的重要媒介，材料工业的高速发展不可避免地导致了资源枯竭加速与环境污染加剧。鉴于粗放型增长模式与可持续型社会发展之间的矛盾，对材料工业提出了提高资源利用效率、降低流程环境负荷的新时代挑战。判断一种新型材料产品及制备技术的应用是否具有环境效益，需要考虑材料生产流程与其上下游工业部门的资源转化耦合状态，综合分析从上游原矿开采至下游废物利用的全生命周期环境影响。针对材料环境表现的系统性问题，生命周期评价被引入生态环境材料研究领域，已发展成为表征材料环境性能的通用方法，形成了材料生命周期评价(material life cycle assessment, MLCA)跨学科研究方向，有力地支持了可持续发展观念在材料工业中的实践。

资源耗竭表征是材料生命周期评价领域最活跃的前沿科学探索，学术界对于资源耗竭问题的科学实质尚未形成统一认识，迄今为止，已有众多学者围绕该问题开展了研究工作，建立了基于多种表征指标的系列评价方法。材料工业是各类自然资源的直接消耗者，资源耗竭表征方法的正确建立对理解材料生产的资源转化效率至关重要。基于热力学函数㶲(exergy)的资源耗竭特征化模型，从不同类型资源耗竭的物质共性出发，统一表征各类输入资源在材料生产流程中的数量消耗与品质下降，可综合体现资源的"量变"与"质变"两方面因素，从而科学解析、优化材料生产流程的资源消耗强度与转化效率。

本书重点研究材料生产流程资源消耗强度的表征方法，分为理论背景介绍、资源耗竭表征模型建立、表征模型实践三大部分。第一部分包括第 1 章和第 2 章，简要梳理生态环境材料，特别是材料环境性能表征的基本共识，系统介绍有关环境问题表征的科学背景，归纳材料生命周期评价资源耗竭表征问题的研究难点，㶲理论在资源耗竭表征中的应用；第二部分包括第 3～7 章，分别介绍矿产资源、能源、土地资源、水资源、污染物排放的㶲表征思路，重点讲述表征不同类型资源的技术难点与突破方法；第三部分包括第 8～10 章，分别选取典型无机非金属材料生产流程、典型金属材料生产流程、典型多输出冶金流程为分析对象，演示资源耗竭㶲表征模型的实际应用，表明其实践意义。希望本书能帮助读者认识、理解资源耗竭问题的物理实质，熟悉基于热力学指标的统一表征方法，丰富材料生命周期评价研究领域的科学内容。本书可供材料科学与工程、资源循环科学与工程等专业本科生与研究生使用，也可供有关技术、管理人员参考。

聂祚仁

2019 年 12 月

目　　录

第1章 概　论

材料生产是人类改造自然物质使其适用于社会发展的最基本的科技手段，是各发达国家优先发展的关键工业领域，与信息和能源一同被誉为现代文明的三大支柱。进入 21 世纪以来，随着世界各国对环境问题关注度的不断提升，材料工业"高能耗-高污染"传统发展模式的资源-环境代价逐渐引起了学者、政府和社会各界的重视，如何在材料工业落实国家提质增效政策，从而实现其可持续发展，已成为社会发展赋予材料工作者的历史使命。本章介绍了生态环境材料与生命周期评价的基本概念以及二者之间的科学关系，重点阐述生命周期评价中资源耗竭特征化问题的发展现状与学术进展。

1.1　材料行业发展现状与生态环境材料

1.1.1　我国材料行业发展现状

改革开放以来，我国材料工业进入高速发展时期，钢铁、水泥、铝等主要材料产品的年产量长期位居世界首位，对全国 GDP 的贡献超过 20%，是宏观经济的重要组成部分，有力支撑了基础设施建设、城镇化、国防事业等重点领域的高质发展。表 1-1 列出了我国主要材料产品的各年份产量，由表可知，以 1995 年为对比基准，截至 2016 年，我国粗钢产量、十种有色金属产量和水泥产量的增长率已分别达到约 710%、960%和 400%。

表 1-1　我国主要材料产品的各年份产量

行业	产品	1995	2010	2011	2012	2013	2014	2015	2016
钢铁	粗钢/亿 t	1.0	6.4	7.0	7.2	7.8	8.2	8.0	8.1
有色金属	十种有色金属/万 t	497	3136	3424	3691	4028	4417	5090	5283
	铜/万 t	108	454	518	605	680	771	796	844
	铝/万 t	168	1624	1806	1971	2204	2810	3141	3187
建材	水泥/亿 t	4.8	18.7	20.6	21.8	24.2	24.8	23.6	24.1

在保障人类社会发展物质基础的同时，材料工业也是地球自然资源的主要消

耗者，所引发的环境问题不容忽视。我国材料工业现阶段仍没有完全走出"高能耗−高污染"的传统粗犷发展模式。相关统计数据显示，"九五"以来，我国材料工业能耗常年呈现上升趋势，如图 1-1 所示，2016 年四大材料行业(黑色金属冶炼及加工业、有色金属冶炼及加工业、化学原料及化学制品制造业、非金属矿物制品业)的综合能耗为 1995 年综合能耗水平的 3.5 倍，在工业能耗和全国总能耗中所占比例分别由 52.2%、38.3%上升至 59.9%、39.9%。

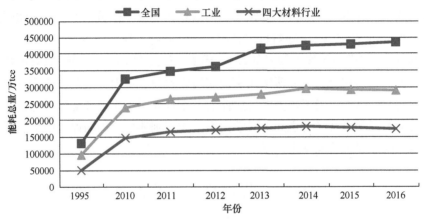

图 1-1　材料工业能耗的变化趋势

tce 代表吨标准媒

随着全球范围内环境危害事件不断出现，保护环境以实现人类社会可持续发展已成为当今世界的时代主题。1992 年于巴西里约热内卢召开的联合国环境与发展大会、1997 年于日本京都召开的《联合国气候变化框架公约》缔约方第三次会议、2009 年于丹麦哥本哈根召开的《联合国气候变化框架公约》缔约方第十五次会议，均是以环境保护为主题的全球性会议，对世界各国制定可持续发展政策产生了深远影响。

在此全球背景下，作为导致环境恶化的重要责任者之一，材料工业亟待检讨其传统发展模式。寻求创新可持续发展道路，落实国家提质增效政策，已成为社会发展赋予材料学者的历史使命。

1.1.2　生态环境材料

在掠夺式发展时期，为人类社会提供物质基础是材料科学的首要任务，1979年美国材料科学与工程调查委员会将材料科学与工程定义为材料成分、结构、工艺和性能(四要素)之间有关知识的开发和应用的学科。如今，随着文明发展向可持续模式转变，人们对材料产品环境协调性(指资源消耗少、环境污染小和循环再生率高)的要求已超出了传统"四要素"定义的范畴。

粗犷式发展与可持续发展之间的矛盾孕育出了生态环境材料这一科学理念。生态环境材料,英文名为 ecomaterials,由日本东京大学的山本良一教授最先提出,其定义"同时具有良好使用性能和环境协调性,或者能够改善自然环境状态的材料",已获得国际学术界的普遍认可。

我国生态环境材料研究肇始于 20 世纪 90 年代末。"九五"期间,国家高技术研究发展计划(863 计划)支持了首项国家层面的生态环境材料专项研究,由北京工业大学牵头,重庆大学、北京航空航天大学、清华大学等六所大学联合承担,研究了我国钢铁、水泥、铝、陶瓷等七类量大面广的典型材料;同期,生命周期评价的国家标准亦制定完成(GB/T 24040—1999,GB/T 24041—2000,GB/T 24042—2002,GB/T 24043—2002),与 ISO 14040—2006 系列标准相对应。"十五"期间,北京工业大学及其合作单位再次承担 863 计划项目,探索开展了生态环境材料技术应用示范。"十一五"期间,国家三大科技计划(863 计划、973 计划、科技支撑计划)继续支持了生态环境材料研究,进一步拓展了生态环境材料理论在各大材料体系中的应用范围。

在一系列国家层面科研计划的支持下,北京工业大学及其合作单位系统开展了材料生命周期评价、材料循环再生、材料生产利废、材料流程减排等生态环境材料关键领域的研究工作,自主开发了本土化材料生命周期评价数据库(获批组建"工业大数据应用技术国家工程实验室"),完善并丰富了生态环境材料的基础理论与科学内涵,初步实现了生态环境材料研究由"概念辨析"向"材料生态设计"乃至"材料生命周期工程"的跨越,明确了生态环境材料理念的实践方向。

我国生态环境材料二十余年的发展取得了众多标志性成果,包括多本著作与教材的出版、中国材料研究学会环境材料分会的成立、相关本科专业的开设等,显著提升了国内材料学界的环境意识,确立了生态环境材料研究方向的学术地位。

1.2 生命周期评价及其在材料环境协调性表征中的应用

1.2.1 生态环境材料与生命周期评价

生态环境材料研究包括两方面内容:一是建立材料环境性能的定量评价体系;二是开发满足环保需要的具体材料与技术。两方面研究内容相辅相成、缺一不可,脱离具体材料实施评价体系是空的,而不经科学客观评价使用"环境标签"则是盲目的。

两方面研究内容又以建立环境表现评价方法体系为基础。与重点关注使用性能的传统研发思路不同，生态环境材料理念将环境意识融入材料研发过程，力求实现使用性能与环境表现之间的平衡，确保材料产品既满足安全服役需求又具备环境改善潜力，因此生态环境材料研究首先要解决如何量化材料环境性能这一根本问题。

为了解决上述问题，生命周期评价方法被引入生态环境材料研究中，广泛应用于材料环境性能表征，是深入解析材料生产环境影响的有效手段。

1.2.2　生命周期思想的起源

生命周期评价方法至今已有近五十年的发展历史，最早可追溯到 20 世纪 60 年代末美国可口可乐公司委托美国中西部研究所(Midwest Research Institute)开展的针对不同包装材料综合环境影响的对比研究。在此之后，美国和欧洲各国的其他研究机构也相继开展了大量的相关研究工作。

表 1-2 列出了生命周期评价方法产生初期的代表性研究案例。"生命周期思想"(life cycle thinking)是贯穿于所有早期研究案例之中的核心科学观念。

表 1-2　生命周期思想的起源

单位	年份	研究内容
美国可口可乐公司、美国中西部研究所	1969	比较不同饮料容器的整体环境影响
德国 Federal Ministry of Education and Research	1973	聚合物技术可行性分析的研究
日本野村综合研究所	1975	出版《对纸盒牛奶包装的评价》
美国、英国政府	1975	针对能源危机，开展了"纯能量分析"
英国 BOUSTEAD 咨询公司	1979	出版 *Handbook of Industrial Energy Analysis*
国际环境毒理与环境化学学会(SETAC)	1993	出版 *SETAC Guidelines for Life Cycle Assessment*
国际标准化组织(ISO)	1998	公布 ISO 14041—1998

一般而言，任何人造物都是以自然环境中的资源为原料，经过若干道生产工序获得的，而最终又将以废弃物的形式被排放到自然环境之中。与产品生产相关的工业过程向上游可追溯至矿物开采阶段，向下游可延伸至废弃处置阶段。

所谓"生命周期"(life cycle)是指产品从自然环境中来，再回到自然环境中去的全过程，即"从摇篮到坟墓"(from cradle to grave)的全过程，具体包括原料开采、材料生产、产品制造、产品使用、废弃循环等阶段，如图 1-2 所示。当今应用广泛的碳足迹、水足迹等足迹评价方法均以生命周期思想为边界建模基础。

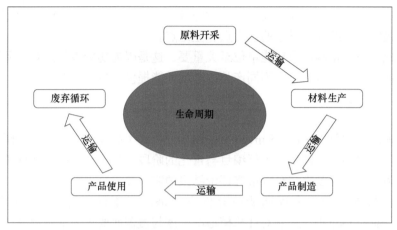

图 1-2　产品生命周期示意图

1.2.3　生命周期评价的定义与技术框架

　　国际环境毒理与环境化学学会和国际标准化组织均发布过生命周期评价执行标准，目前国际上应用最为广泛的是国际标准化组织于 2006 年修订发布的标准，将生命周期评价定义为：对一个产品系统(既可以是物质生产系统，也可以是服务提供系统)的生命周期输入、输出及其潜在环境影响的汇编和评价。图 1-3 为 ISO 14040—2006 规定的生命周期评价技术框架，包括目标与范围确定、清单分析、环境影响评价与结果解释四部分。目前，该技术框架的基础部分(即目标与范围确定、清单分析)已较为完善，而环境影响评价与结果解释部分仍处于探索发展阶段。

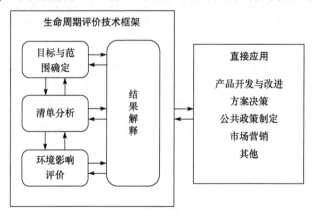

图 1-3　生命周期评价的技术框架

1.2.3.1　目标与范围确定

目标与范围确定是开展生命周期评价的首要步骤，旨在明确评价意图、系统边界、功能单位、数据要求及计算假设等基本条件，从而保证研究的规范性与一致性，是实施后续评价过程的出发点和立足点。

在此阶段，正确选取功能单位至关重要，这是因为功能单位是对产品系统输出功能的量度，为对比分析不同产品的环境性能提供了参考基准。

1.2.3.2 清单分析

生命周期清单(life cycle inventory, LCI)分析是生命周期评价中对所研究产品系统的生命周期输入输出项进行编目与量化的阶段，是实践生命周期评价方法的数据保障，其准确度直接影响最终评价结果的客观性与合理性。

目前最常用的生命周期清单分析方法是基于流程分析的清单计算模型(process-based model)。随着对计算模型准确度与覆盖面要求的不断提升，有学者提出了基于投入产出分析的清单计算模型(input output-based model)，用以解决复杂生产系统中物质流循环的定量描述问题。

1.2.3.3 环境影响评价

生命周期影响评价是在编制完成生命周期清单的基础上，对不同资源消耗量和污染物排放量所可能产生的环境影响的评估。通过实施此步骤，可将生命周期清单转化为资源消耗、健康损害和生态毒性等潜在环境影响结果，从而获得所研究产品环境性能的综合信息。

生命周期影响评价的具体实施步骤包括评价模型/影响类型的选择、分类、特征化、归一化、分组和加权，如图 1-4 所示，其中前三项属于国际标准化组织所规定的强制性步骤(影响评价必备要素)，而后三项则属于非强制性步骤(影响评价可选要素)。

通过实施可选要素(归一化、分组、加权)虽然能够获得单一影响指标，提升生命周期评价结果的可比性，但其所引入的大量人为主观因素会显著降低评价结果的客观性，例如，在"加权"阶段，各环境影响类型的权重因子无法通过自然科学研究方法直接获得，须借助以专家主观赋值为基础的层次分析法(analytic hierarchy process, AHP)。

自 20 世纪 90 年代以来，生命周期影响评价方法持续更新发展，至今已形成CML[由荷兰莱顿大学环境科学研究中心(Centrum voor Milieuwetenschappen Leiden)建立的当量评价方法]、 Eco-indicator(荷兰 PRe 公司开发的损害评价方法)、Ecoscarcity(瑞典生命周期环境影响评价方法)、EDIP(丹麦生命周期环境影响评价方法)、ReCiPe(融合了 CML 与 Eco-indicator)等众多体系。按照所选取环境影响类型层次的不同，上述评价方法体系可被划分为关注全球变暖、酸化效应、富营养化、光化学烟雾等多种影响类型的中间点评价(mid-point)模型和针对资源耗竭、

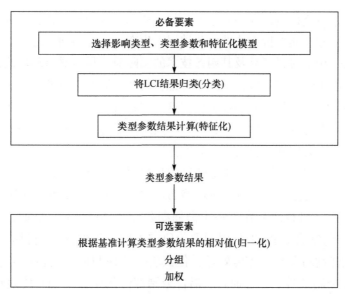

图 1-4　生命周期影响评价的实施框架

健康损害、生态毒性三类影响类型的最终点评价(end-point)模型，以最常使用的 Eco-indicator 方法体系和 CML 方法体系为例，前者属于最终点评价模型而后者则属于中间点评价模型。

生命周期影响评价方法目前仍处于探索发展阶段，各类方法体系的科学基础仍不十分完善。在我国，有学者尝试性地对某些环境影响类型(如资源耗竭、土地损害等)的特征化方法进行了本土化研究，初步构建了基于我国资源-环境特征的评价方法体系。

1.2.3.4　结果解释

生命周期解释是生命周期评价中根据所规定目标和范围的要求对清单分析和影响评价结果进行分析归纳，以形成结论和建议的阶段。其实施目的是基于生命周期清单分析和生命周期影响评价的发现，分析结果、得出结论、解释局限及提出建议，最终以透明化方式形成评价报告，为政府、企业制定相关环境政策提供科学依据。

生命周期解释的主要步骤包括：①辨识生命周期影响评价(或生命周期清单计算)结果中的重大环境影响问题；②评估生命周期评价结果及其实施过程的完整性、敏感性和一致性；③得出研究结论，形成评价报告，对决策者提出具体改进建议。

1.2.4　生命周期评价与材料环境性能表征

如前文所述，生态环境材料研究的最根本的问题是，如何判断某种材料是否可被称为生态环境材料,这一问题涉及如何科学、客观地评价材料的环境性能或环境表现,生命周期评价方法即由此被引入生态环境材料研究之中。

判断某一新型材料产品及其制备技术的实际应用是否具有环境改善潜力,须考虑材料制造业的连带效应,即综合考虑材料产品制造上下游相关工业部门的整体变动情况。针对材料产品环境表现的这一"系统性"问题,有学者将生命周期评价方法引入生态环境材料研究领域,将其发展成为表征材料环境性能的通用方法,形成材料生命周期评价跨学科研究方向。

采用生命周期评价方法研究材料的环境性能可有效避免环境影响的阶段转移问题与类型遗漏问题。前者(环境影响阶段转移)指以牺牲其他阶段的环境效益为代价提升材料产品在某一生命周期阶段的环境效益。例如,汽车轻量化材料(铝合金与镁合金)的生命周期评价研究表明,虽然镁合金制部件在使用阶段(车辆行驶阶段)表现出环境效益,但其生产阶段与回收阶段的环境影响却明显高于铝合金制部件,综合而言,铝合金制部件的生命周期环境表现优于镁合金制部件。后者(环境影响类型遗漏)指在实际研究中仅强调某些环境影响类型,而忽视其他环境影响类型对最终评价结果的影响。例如,在评价某一综合减排系统时,若仅考虑碳减排指标,则最终研究结果无法全面体现该系统在减氮、脱硫等方面的实际作用。

1.3 资源耗竭特征化模型的研究现状

人类社会与自然环境之间进行物质交换的基本方式包括从自然环境获取(消耗资源)与向自然环境排放(产生污染)两大类。后者可能造成全球变暖、酸化、人体健康损害、光化学烟雾等多种环境影响类型,相应特征化模型发展较为完善。前者的情况则不同,资源耗竭问题的科学本质长期以来都是生命周期评价研究领域最具争议的前沿课题之一。

自然资源是社会发展的物质基础,保障资源供给对我国现代化建设有着举足轻重的作用。随着经济高速发展,我国资源人均储量小、自给率不足等问题日益明显,如何科学表征资源耗竭问题对指导各生产部门制定高质量与可持续发展政策至关重要。

目前学术界对资源耗竭问题的科学实质尚未形成统一认识,资源耗竭特征化模型的发展程度远不及温室效应、酸化效应等其他环境影响类型的特征化模型。总结回顾国内外相关研究,根据所选取表征指标的不同,可将现有资源耗竭特征化模型分为以下四大类:

(1) 基于能量或质量的消耗量；

(2) 基于资源开采所造成的未来环境影响；

(3) 基于资源储量与开采量之间的关系；

(4) 基于有效资源损失。

1) 基于能量或质量的消耗量的特征化模型

该模型假定不同类型资源均具有同等重要性，以质量/能量单位为基准，采用不同类型资源消耗量的加和作为特征化结果，如公式(1-1)是最易于实践的资源耗竭特征化模型。

$$ADP = \sum_i m_i \tag{1-1}$$

式中，ADP 代表资源耗竭特征化结果；m_i 代表各类资源的消耗量。

上述特征化模型操作方便，所涉及计算过程易于实现，但其完全忽略了不同类型资源之间的根本差异，缺乏对资源耗竭问题科学内涵的客观解释，从而并没有得到广泛的认可与应用。

2) 基于资源开采所造成的未来环境影响的特征化模型

此类特征化模型认为当前人类大规模消耗高品位资源将迫使未来开发利用低品位资源，从而增加资源开采的环境成本。

基于"附加能量"概念的"品位-能量"模型在此类模型中最具代表性，该模型认为在资源品位不断降低的情况下，市场压力将促使企业逐渐利用低品位资源，资源开采过程的能源消耗强度也将随之增加，其基本思想是利用资源品位下降所造成的资源未来开采能耗的提高程度(即某种资源目前开采过程的能耗强度与未来开采过程能耗强度之间的差值)表征资源耗竭潜力。

3) 基于资源储量与开采量之间关系的特征化模型

这类模型采用稀缺度作为资源耗竭特征化因子，其中应用最为广泛的是由荷兰莱顿大学(Leiden University)环境科学研究中心提出的 CML 资源耗竭特征化模型，公式(1-2)显示了其特征化因子计算方法。在所有资源耗竭特征化模型中，CML 模型发展得最为成熟，应用得最为广泛。

$$ADP_i = \frac{\dfrac{Dr_i}{(R_i)^2}}{\dfrac{Dr_{ref}}{(R_{ref})^2}} \tag{1-2}$$

式中，R_i 代表资源储量；Dr_i 代表资源年开采量；Dr_{ref} 和 R_{ref} 分别代表参考资源的开采量和储量。资源储量(即参数 R_i)存在多种选取方式，如可开采经济储量、地壳总储量等。

　　CML 模型所涉及的各参数具有明显的区域依赖性，在我国，有学者运用量纲分析原理确定了可反映国内资源特点的耗竭因子计算方法，以此为基础，构建了适用于表征我国资源情况的特征化因子体系，初步完成了 CML 模型的本土化研究。

　　此外，近年来 CML 资源耗竭特征化模型研究的另一项重要突破是将积存于人类活动圈的可用资源计入参数 R_i 之中，提出了"扩展"(extended)的资源耗竭稀缺度模型。

　　4) 基于有效资源损失的特征化模型

　　构成物质资源的原子是不灭的，但由热力学第二定律可知，在资源被使用后，其所包含原子的排列模式将从有序度较高的可用状态转变为有序度较低的废弃状态。

　　该特征化模型认为，工业生产过程中所发生的传热、传质、相变、化学反应等过程均属于"高势"向"低势"的流动，将不可逆转地导致物质资源的"品质"而非"数量"耗竭，即资源的可用性降低，且这种热力学第二定律意义上的资源耗竭只可通过㶲和熵等由热力学第二定律衍生出的状态函数进行表征。

　　在科学性方面，基于有效资源损失的耗竭特征化模型对资源耗竭物理本质的揭示程度远高于其他特征化模型，所发展出的流程㶲分析方法与物质流熵分析方法已被成功应用于工业过程的资源效率评价与资源聚集度评价。然而，在可行性方面，此类特征化模型(尤其是㶲分析方法)所涉及的计算过程既要遵守物理化学原理，又要与生命周期评价的基本框架相匹配，其实施难度远高于其他特征化模型。

　　从 20 世纪 90 年代至今，资源耗竭特征化模型研究始终处于"百家争鸣"的发展状态，尽管前述第二类和第三类建模思想分别以品位能量特征化模型与稀缺度特征化模型的具体形式被应用于 Eco-indicator 和 CML 生命周期环境影响评价体系，但学界对资源耗竭问题物理内涵的认识与理解仍未达成统一，任何特征化模型(如 Eco-indicator 和 CML)都难以完全否定其他特征化模型的内在逻辑与实践价值。

　　与材料科学传统研究领域所涉及的各类理论争议，如晶体生长理论、溶液理论等不同，由于不存在可客观表征资源耗竭现象的实验手段，因此研究者无法通过模型预测数据与实验测定结果之间的拟合优度判断不同类型资源耗竭特征化模型的科学性与有效性。

　　另外，各类资源耗竭特征化建模思想蕴含着对资源耗竭问题本质的多样化解释，在基本原理方面几乎不存在交集，因此可通过比较分析不同建模思想对资源耗竭问题的基本定义及其表征逻辑，确定出最符合材料生产过程特点的资源耗竭特征化模型，丰富完善材料生命周期评价理论。

参 考 文 献

狄向华, 2005. 资源与材料生命周期分析中若干基础问题的研究. 北京: 北京工业大学.

狄向华, 聂祚仁, 王志宏, 等, 2002. 材料环境协调性评价的标准流程方法研究. 材料导报, 16(3): 62-64.

龚先政, 聂祚仁, 王志宏, 2004. 典型材料环境协调性评价数据库框架的研究. 武汉理工大学学报, 26(3): 12-14.

龚先政, 聂祚仁, 王志宏, 等, 2011. 中国材料生命周期分析数据库开发及应用. 中国材料进展, 30(8): 1-8.

国家统计局, 2011. 中国统计年鉴 2011. 北京: 中国统计出版社.

国家统计局能源统计司, 2012. 中国能源统计年鉴 2012. 北京: 中国统计出版社.

国家统计局工业统计司, 2011. 中国工业经济统计年鉴 2010. 北京: 中国统计出版社.

侯萍, 王洪涛, 朱永光, 等, 2012. 中国资源能源稀缺度因子及其在生命周期评价中的应用. 自然资源学报, 27(9): 1572-1579.

黄伯云, 2004. 我国有色金属材料现状及发展战略. 中国有色金属学报, 14(S1): 122-127.

李贵奇, 聂祚仁, 左铁镛, 2002. 环境协调性评价(LCA)方法研究进展. 材料导报, 16(1): 7-10.

聂祚仁, 2001. 生态环境材料的研究与发展趋势(上). 新材料产业, 5: 12-15.

聂祚仁, 王瑛, 2001. 生态环境材料的研究与发展趋势(下). 新材料产业, 6: 22-25.

山本良一, 1996. 环境材料. 王天民译. 北京: 中国化工出版社.

孙博学, 2013. 材料生命周期评价的㶲分析及其应用. 北京: 北京工业大学博士学位论文.

孙胜龙, 2002. 环境材料. 北京: 化学工业出版社.

王寿兵, 张韦倩, 杨天翔, 等, 2012. LCA 中非生物性资源耗竭特征化因子及其变化. 复旦学报(自然科学版), 51(1): 125-130.

王天民, 2000. 生态环境材料. 天津: 天津大学出版社.

王天民, 郝维昌, 王莹, 等, 2011. 生态环境材料——材料及其产业可持续发展的方向. 中国材料进展, 30(8): 8-17.

王占国, 2005. 我国新材料产业的发展. 求是, (20):54-56.

杨建新, 王寿兵, 1999. 生命周期清单分析中的分配方法. 中国环境科学, 19(3): 285-288.

杨建新, 徐成, 1999. 生命周期环境影响类型分类体系研究. 上海环境科学, 18(6): 246-248.

左铁镛, 1997. 材料产业可持续发展与环境保护. 科学中国人, 5: 7-12.

左铁镛, 2004. 循环型社会的材料产业——构筑循环型材料产业促进循环经济发展. 新材料产业, (10): 72-78.

左铁镛, 冯之浚, 2008. 循环型社会材料循环与环境影响评价. 北京: 科学出版社.

左铁镛, 聂祚仁, 2003. 环境材料基础. 北京: 科学出版社.

左铁镛, 翁端, 1997. 国外环境材料的研究进展及发展动向. 材料导报, 11(5): 1-4.

Azapagic A, 1999. Life cycle assessment and its application to process selection, design and optimisation. The Chemical Engineering Journal, 73:1-21.

Di X, Nie Z, Yuan B, et al., 2007. Life cycle inventory for electricity generation in China. International Journal of Life Cycle Assessment, 12(4): 217-224.

Fava J, 2002. Life cycle initiative: a joint UNEP/SETAC partnership to advance the life-cycle economy. International Journal of Life Cycle Assessment, 7(4): 196-198.

Finkbeiner M, 2009. Carbon footprinting: opportunities and threats. International Journal of Life Cycle Assessment, 14(2): 91-94.

Finnveden G, Hauschild M, Ekvall T, et al., 2009. Recent developments in life cycle assessment. Journal of Environmental Management, 91(1): 1-21.

Finnveden G, Östlund P, 1997. Exergies of natural resources in life-cycle assessment and other applications. Energy, 22(9): 923-931.

Gao F, Nie Z, Wang Z, et al., 2009. Characterization and normalization factors of abiotic resource depletion for life cycle impact assessment in China. Science in China Series E: Technological Sciences, 52(1): 215-222.

Goedkoop M, Spriensma R, 2000. The Eco-indicator'99: a damage oriented method for life cycle impact assessment; methodology report, Amersfoort, PRé Consultants//Vrom Zoetermeer, Nr/36a/b.

Guinée J, 2001. Handbook on life cycle assessment—an operational guide to the ISO standards. The International Journal of Life Cycle Assessment, 6(5): 255.

Hanssen O J, 1999. Status of life cycle assessment activities in the nordic region. The International Journal of LCA, 4: 315-320.

Helias A, Jolliet O, 2002. UNEP/SETAC life cycle assessment initiative: Background, aims and scope. The international Journal of Life Cycle Assessment, 7(4): 192-195.

Jesen A, Elkington J, 1997. Life cycle assessment: a guide to approaches, experiences and information sources. Reports on the European Environment Agency, Copenhagen.

Liu Y, Nie Z, Sun B, et al., 2010. Development of Chinese characterization factors for land use in life cycle impact assessment. Science China-Technological Sciences, 53(6): 1483-1488.

Müller-Wenk R, 1998. Depletion of Abiotic Resources Weighted on the Base of "Virtual" Impact of Lower Grade Deposits in Future. Saint Gallen: University of St. Galen.

Nie Z, Di X, Li G, et al., 2001. Material life cycle assessment in China. International Journal of Life Cycle Assessment, 6(1): 47-48.

Russell A, Ekvall T, Baumann H, 2005. Life cycle assessment—introduction and overview. Journal of Cleaner Production, 13(13-14): 1207-1210.

Schneider L, Berger M, Finkbeiner M, 2011. The anthropogenic stock extended abiotic depletion potential (AADP) as a new parameterisation to model the depletion of abiotic resources. The International Journal of Life Cycle Assessment, 16(9): 929-936.

Schneider L, Berger M, Finkbeiner M, 2015. Abiotic resource depletion in LCA-background and update of the anthropogenic stock extended abiotic depletion potential (AADP) model. The International Journal of Life Cycle Assessment, 20(5): 709-721.

Solgaard A, de Leeuw B, 2002. UNEP/SETAC life cycle initiative: promoting an life-cycle approach.

The International Journal of Life Cycle Assessment, 7(4):199-202.

Steen B, 1999. A Systematic Approach to Environmental Priority Strategies in Product Development (EPS). Chalmers: Chalmers University of Technology.

Steen B, 2006. Abiotic resource depletion: different perceptions of the problem with mineral deposits. Int. J. Life Cycle Assess, 11(S1): 49-54.

Vanham D, Bidoglio G, 2013. A review on the indicator water footprint for the EU28. Ecological Indicators, 26: 61-75.

Weidema B, 2000. Can resource depletion be omitted from environmental impact assessment? Poster Presented at SETAC World Congress, UK.

Wenzel H, Hauschild M, Alting L, 1997. Methodology, tools, and case studies in product// Environmental Assessment of Products. London: Kluwer Academic Publishers.

第 2 章　烟与资源耗竭

由大量科学实验归纳总结出的热力学第一定律与热力学第二定律是分析物质能量转化过程的理论基础，所提出的以内能函数(U)与熵函数(S)为代表的系统状态函数，可分别从总量守恒和品质下降(微观混乱度增加)两方面描述转化过程的基本特征，为研究转化方向与系统稳定性提供科学依据。烟函数建立在热力学两大定律的基础之上，结合了内能函数与熵函数的物理意义，可综合描述物质能量转化过程的"量变"与"质变"，从而反映转化过程的真实效率。随着其科学内涵的不断发展，烟分析方法已被广泛应用于工程热物理、环境科学、管理学、经济学等众多学科领域。本章首先介绍烟概念的起源与发展，阐述将烟方法的应用范畴由能量系统分析拓展到物质系统分析的客观依据，在此基础上，重点讨论资源耗竭烟表征模型的理论意义，解决参考环境选取与元素化学烟计算等表征模型建立的共性问题。

2.1　烟概念的起源与发展

2.1.1　能量的种类和转化

能量是度量物质运动的物理量。物质运动具有多种形式，如机械运动、电磁运动、不规则热运动、化学变化等，度量不同运动形式的能量种类包括机械能、电磁能、内能(不规则能)、化学能等。

随着科学水平的不断提升，不同类型能量之间均可通过一定手段实现相互转化。能量转化技术能极大地推动社会发展，在影响人类文明进程的两次工业革命中，第一次工业革命的技术核心，即是实现化学能向机械能的转化，而第二次工业革命的技术核心，则是实现机械能、化学能向电磁能的转化。

掌握能量转化所遵循的客观自然规律，从而提高工业过程的能量利用效率，长期以来都是热力学研究的重要使命，热力学两大定律(第一、第二定律)均是对能量转化规律的揭示。

在能量转化过程中，系统"量"变化和"质"变化遵循着截然不同的自然规律。对于量变，由热力学第一定律可知，在不同类型能量相互转化的过程中，能的形式虽然发生改变，但其总量恒定不变。然而，除量变外，能量转化过程还涉及能的质变，其具体表现为不同类型能在转化潜力方面的显著差异，例如，机械能是高"质"的、转化能力较强的能量形式，相对而言内能则是低"质"的、转化能力较弱的能量形式，虽然可通过一定的技术手段实现二者之间的相互转化，但转化程度却明显不同：机械能可完全转化为内能，然而在不引起其他变化的反向转化过程中，内能则无法完全转化为机械能(不可能将热完全转化为功而不引起其他变化)。

热力学第二定律正是对能量转化过程"质"变的描述，揭示了封闭系统中所发生的一切变化过程均会造成系统由混乱度低的有序状态(高品质)向混乱度高的无序状态(低品质)转化，即封闭系统的熵函数只增不减。对于内能向机械能、电磁能的转化，由于内能的物理本质是微观粒子的热运动，而粒子热运动是无序而不规则的，因此，即使在最理想的情况下也无法实现100%完全转化。由此可知，为了客观认识能量转化过程，在解析数量关系的基础之上，还需充分考虑能质变化。

2.1.2　烔的概念

考虑能量品质的学术思想可以追溯至吉布斯、麦克斯韦甚至卡诺的年代。

在众多热力学函数中，由热力学第一定律所归纳总结出的状态函数焓和内能，虽然能够反映能的数量，但却无法解释不同类型能之间的质差；由热力学第二律所归纳总结出的状态函数熵，虽然与能"质"密切相关，但并非其直接定义；用于判别过程方向的吉布斯函数和亥姆霍兹函数仅在规定条件下(恒温恒压、恒温恒容)才具有指导意义。

烔的概念正式出现于20世纪50年代，由南斯拉夫热力学家朗特提出，其定义为：给定环境下，理论上能够最大限度(通过可逆过程)转变为有用功的那部分能量称为烔。烔概念的产生科学规定了能量的可用性，弥补了能质研究领域的基础概念空缺。一般而言，能的"量"与"质"并不完全一致，而烔所代表的正是"量"与"质"相统一的那部分能。

在烔的定义中，之所以选取功作为衡量能质的客观基准，是由于功是转化能力最强、可用性最高的能量形式，理论上讲，它可以直接或间接地完全转化为其他能量形式。

与烔相对立的热力学概念是炕，它表示无法转变为功的那部分能。如公式(2-1)所示，结合烔与炕，可将一定大小的能量划分为可做功与不可做功两部分：

$$E = Ex + An \tag{2-1}$$

式中，E 表示一定大小的能量；Ex 表示㶲值；An 表示炕值。

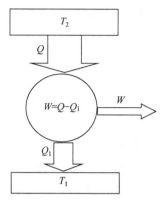

图 2-1　卡诺热机简化示意图

经典热力学中的卡诺定理可被理解为是对热能的㶲值与炕值的定义。如图 2-1 所示，以工作于一定高温热源(温度为 T_2)与低温热源(温度为 T_1)之间的热量 Q 为例，说明热能的㶲值与炕值之间的数量关系。由卡诺定理可知，在此工况下，即使过程完全可逆，热量 Q 也仅能部分地转化为对外输出功(转化比例取决于高低温热源的温度差)，而未转化的剩余热量则仅能参与传热过程。由㶲与炕的定义可知，在上述工况下，可做功部分热量与不可做功部分热量分别对应于热量 Q 的㶲与炕，其具体数量关系如式(2-2)所示：

$$Q = Q\underbrace{\left(\frac{T_2 - T_1}{T_2}\right)}_{\text{Ex}} + Q\underbrace{\left(\frac{T_1}{T_2}\right)}_{\text{An}} \qquad (2\text{-}2)$$

式中，Q 为热量；T_2 为高温热源；T_1 为低温热源。

2.1.3　㶲的组成

㶲是系统与环境之间强度量偏差的度量，造成此种偏差的原因是多样的，例如，系统的速度大于环境(参照系)的速度、系统的温度高于环境温度、系统中某组分的浓度大于该组分在环境中的浓度等。一个任意物质系统所具有的㶲值可分解为如公式(2-3)所示的形式：

$$Ex_m = Ex_{ki} + Ex_{po} + Ex_{ph} + Ex_{ch} + Ex_{nu} \qquad (2\text{-}3)$$

式中，Ex_m 为单位物质系统所具有的㶲值；Ex_{ki} 为物质系统的动力㶲(度量速度偏差)；Ex_{po} 为系统的势能㶲(度量位置偏差)；Ex_{ph} 代表物质系统由于与环境之间存在温度、压力的不平衡所具有的物理㶲；Ex_{ch} 代表物质系统由于与环境之间存在成分、浓度的不平衡所具有的化学㶲；Ex_{nu} 为物质系统的核能㶲。

㶲的不同组成部分在自然界与人类社会中的具体表现形式十分丰富，例如，流动的河水与行驶的车辆均是动力㶲的物质载体。就直接输入而言，材料生产流程直接消耗的各类资源(物料、能耗等)所具有的㶲值可能涉及式(2-3)中的任何类型。

另外，从全生命周期角度考虑，材料生产所消耗的各类物料、能源均可追溯至天然矿物、化石能源、水资源、土地资源等自然资源项，其资源价值集中体现在化学烱的范畴之中(即物质系统由于与环境之间存在成分、浓度偏差所具有的做功能力)。

2.2　化学烱在材料生命周期资源耗竭表征中的应用

2.2.1　物质系统的烱及其广义本质

烱的概念最初仅限于描述能量的品质，然而，工业系统的内容远不止纯粹的能量传递与转化，其实际运转涉及大量物质与能量的耦合过程。

就材料工业而言，绝大多数材料产品的制备过程都是能量流与物质流相互作用的复杂生产系统。与描述能量品质的科学思想相类似，烱概念亦可被推广至物质系统，相应扩展定义为：一定形式的能量或一定状态的物质，经过可逆变化过程后，达到与环境完全平衡的状态，这个过程中该能量或物质系统所能做的最大功即为其烱值。

烱概念产生的初衷是为了科学认识能质在能量转化过程中的变化规律，在其定义中，以最大做功能力作为衡量品质的标准对于纯能量系统而言是适用的，这是因为，借助于一定的技术设备，功可以直接或间接转化为其他任何能量形式，其可用性最高。然而，对于纯粹物质系统，其实际价值与品质并非直接体现为对外做功的能力；以矿产资源为例，在材料产品的生产制备过程中，矿产资源提供物质基础而非能量来源，因此讨论 1kg 铁矿石的对外做功能力显然缺乏实际意义。对于这一问题，可通过烱定义的另一种等效表达予以解释说明。

烱亦可被定义为如下形式：从环境中提取一定成分的物质所需外界投入有用功的最小值，结合烱的原始定义可知，物质在达到与环境相平衡状态的过程中可对外做功的最大值，与从环境中提取相同物质所需外界投入功的最小值是相等的，二者之间的等同性如图 2-2 所示。

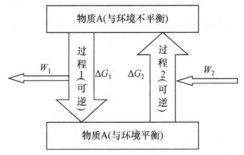

图 2-2　物质与环境相平衡过程的自由能变化示意图

上述两过程(与环境相平衡的过程、从环境中提取的过程)均为可逆过程(不存在功损失以保证产出功最大或消耗功最小),且恒温恒压(纯物质化学变化),由吉布斯自由能的物理意义可知,对于恒温恒压的可逆过程,其吉布斯自由能的减少或增加等同于系统对外界或外界对系统所做的非体积功,因此图 2-2 中所示过程的吉布斯自由能变化即为物质系统的㶲值。由于吉布斯自由能为状态函数,其变化量与具体过程无关,所以过程 1 与过程 2 的吉布斯自由能变化大小相等、符号相反,即物质与环境达到平衡的过程中对外界所能做的最大功与从环境中提取出该物质所需外界投入的最小功相同。

物质系统㶲值的大小代表着从环境中获取该物质的难易程度,即获取代价。相比于㶲值较低的物质,通过可逆过程从环境中获取高㶲值物质需消耗更多的有用功。

对于一个内部持续演化的封闭系统,虽然其所包含能量和物质的总量保持不变,但封闭系统的品质必然下降。与数量守恒一样,品质下降也是不可抗拒的自然规律。物质和能量均是㶲的载体,其变化过程可被视为是㶲传递与转化的途径,这是将㶲应用于材料制造流程分析的基础,能量流和物质流在材料生产过程中相互作用且难以区分,采用㶲方法对二者进行综合表征,能够得到比单纯能量流或物质流分析更为科学全面的研究结果。

品质下降在物质宏观层面与微观层面分别对应于系统熵增加与组态混乱度增加。依据统计力学的基本原理,一个孤立系统总是从热力学概率较小的状态向热力学概率较大的状态演化,由此可知,高品质(高有序度)资源在被使用后更倾向于分布在更为"常见"的低品质(低有序度)状态,系统与环境之间的差异逐渐减小,当达到与环境完全平衡的状态时,系统的㶲值将为零,与环境的差异完全消失。

2.2.2　㶲在资源耗竭表征问题中应用的合理性

式(2-4)为不同环境影响类型特征化步骤的统一表达式,式中 EIP_k 为环境影响类型 k 的特征化结果; C_i 为活动项 i(消耗物或排放物)对环境影响类型 k 的贡献强度(特征化因子); m_i 为活动项 i 的活动水平(消耗量或排放量)。

$$EIP_k = \sum C_i \times m_i \tag{2-4}$$

式(2-4)所包含的两个运算符号,即乘号(×)与加和号$\left(\sum\right)$具有如下科学内涵:乘法运算意味着 C_i 能够科学地反映出活动项 i 对环境影响类型 k 的贡献机理,以保证运算结果(在量纲方面)具有与被表征环境影响类型相符合的物理意义;加法运算意味着不同活动项对环境影响类型 k 的贡献效果具有广延性(extensive)与可相互替代性(exchangeability)。

以全球变暖潜力(global warming potential, GWP)与温室气体甲烷之间的关系为例对上述科学内涵进行解释说明:GWP 特征化因子反映了不同气体吸收红外辐射的能力，而全球温室效应的产生原因正是各类温室气体对地表红外辐射能的累积吸收。甲烷的 GWP 特征化因子 $25kg\text{-}CO_2eq^①$(100 年)的物理意义为，以 100 年为时间尺度，1kg 甲烷与 25kg 二氧化碳所吸收的红外辐射能大小相等，二者就温室效应而言具有可相互替代性。

为了保证研究结果的科学性与客观性，应当从特征化模型一方面是否具有明确的物理意义，以及另一方面是否能够充分解释不同类型资源之间就耗竭问题而言的可相互替代性，对各类资源耗竭特征化模型的合理性进行判断。相关研究结果显示，只有基于烟理论的资源耗竭特征化模型同时满足上述两个条件，以下为其详细论述。

烟的物理定义是一定物质系统经过可逆变化过程后，达到与环境完全平衡的状态时，物质系统对外输出功的最大值，或者说从环境中提取出一定物质系统所需外界投入有用功的最小值。广义地讲，烟的数值大小代表了物质系统与基准环境之间的热力学偏差程度，是资源品质的度量。在材料制备流程中，资源的存在形式虽然可能发生耗竭，但这仅是在热力学第二定律而非热力学第一定律意义上的耗竭，即"质"的耗竭而非"量"的耗竭。组成资源物质的原子数守恒，在材料生产前后，发生改变的是原子间的组态模式(物质结构)：大部分资源物质从高有序度、高纯度的高烟状态转化至低有序度、低纯度的低烟状态(如废弃物与排放物)，小部分最终转化为材料产品的物料的烟值虽然得到了提高，但这一提高必定建立在大量其他资源烟耗散的基础之上，而烟的总量则不可避免地呈现下降趋势(与封闭系统熵增相对应)。由此可知，烟特征化模型所定义资源耗竭的物理意义是资源与基准环境之间热力学强度量偏差的减少(浓度、温度等)，即资源品质的下降。

此外，由烟的物理意义可知，天然资源的烟值表示从基准环境中获取该资源所需外界投入有用功的最小值，因此，在烟特征化因子体系中，资源 A 与资源 B 之间就耗竭问题而言的可替代性体现为从基准环境中可逆提取出 m_A(资源 A 特征化因子的数值大小,kg)的资源 A 与可逆提取出 m_B(资源 B 特征化因子的数值大小,kg)的资源 B 所需外界投入的有用功大小相等。

将烟分析思想引入资源耗竭特征化模型可以显著提升生命周期评价方法学的科学性，相关领域学者长期以来持续对这一模型进行完善，以期生命周期评价实践结果能够更加客观有效地指导生产工艺优化。

图 2-3 显示了资源耗竭烟特征化模型的发展历程，总体而言，该研究领域的经典文献强调突破基本概念，着重辨析将烟应用于环境影响评价、生命周期评价的科学基础，随着分析理论与计算数据日趋完善，学者们逐渐将研究重心转向更

---

① eq 含义为 equivalent(当量)。

为具体的模型分支。波兰的 Szargut 等最早论证了将㶲分析理论引入环境影响评价研究的可能性，规定了目前应用最为广泛的基准环境，提出了元素标准化学㶲计算模型；在此基础上，瑞典的 Finnveden 等进一步明确了㶲分析与资源耗竭问题的理论关联，从热力学第二定律的角度出发系统阐述了资源耗竭问题的物理实质，针对瑞典地区的矿物组成特点，计算了部分金属矿物的化学㶲值。如图 2-3 所示，基于上述两位学者的开创性研究工作，该研究领域逐渐发展出众多研究分支，进一步扩展了资源耗竭㶲表征模型的理论体系与基础数据。

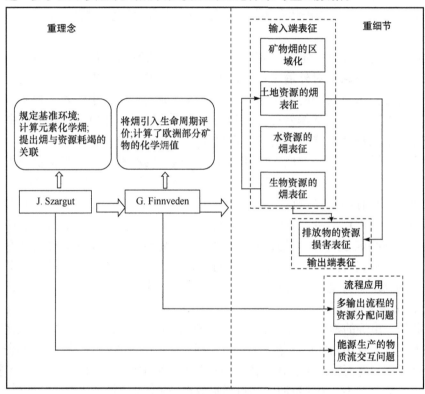

图 2-3　资源耗竭㶲表征模型的发展历程

2.3　化学㶲计算的基准环境

2.3.1　基准环境的物理化学意义

由基本定义可知，化学㶲是物质系统由于与环境之间存在浓度、成分偏差所具有的资源势，因此，如何选取基准环境是合理建立化学㶲计算模型的首要问题。

从热力学角度分析，化学㶲计算的基准环境可被视为达到热力学"死态"，数量无穷但完全无序的"物质背景",由彼此间处于热力学平衡态的稳定化合物构成。基准环境中的物质无法通过自发化学反应对外做功,即对外做功潜力为零,因此可作为化学烟计算的"零势面"。

　　然而,在真实自然界中,绝对处于热力学平衡态的基准环境是不存在的。地球生态系统本身持续不断地接收着太阳的辐射能,并通过一系列复杂的化学反应(光合反应)、物理过程将所接收的辐射能转化为动植物体内的化学能、水资源的势能等能量形式,使得真实自然环境处于远离热力学平衡态的自组织进化状态。因此,建立完全符合热力学观点的基准环境缺乏实践意义,应对其进行必要的实践改进。

　　化学烟计算基准环境模型包括以下两大类:①假想的处于热力学平衡态的基准环境模型;②真实的处于热力学非平衡状态的基准环境模型。两类基准环境模型(基准物体系)之间具有明显的理论差异,以下分别对二者进行详细阐述。

　　处于绝对热力学平衡态的理论基准环境模型将基准环境假设为处于一定温度、压力下的封闭物质系统,并设定多个地球外部岩石圈厚度(1m、10m、100m、1000m),基于该基准环境的化学烟计算模型覆盖了 17 种化学元素及相应 692 种化合物。然而,基于上述假定条件所推导出的理论基准环境与真实自然环境之间在化学组成方面存在显著差异。如表 2-1 所示,在此理论基准环境模型中,绝大多数氧元素均以硝酸盐的化学形式存在并溶解于海洋圈之中,而大气中自由氧的摩尔分数仅为 2.6ppm(ppm,百万分之一)。

表 2-1　T_0=298K、p_0=77kPa、岩石圈厚度为 100m 物理环境下的大气平衡浓度

成分	摩尔分数
N_2	0.9451
H_2O	0.0397
Ar	0.0117
CO_2	0.0033
O_2	2.6ppm

　　此外,在平衡态基准环境研究领域,近年来有学者通过解析耗散态自然环境的理论化学组成,提出了化学烟计算的 thanatia[①]基准环境模型。与上述由热力学平衡关系所确定的处于绝对耗散态的理论基准环境模型不同,thanatia 基准环境模型在一定程度上考虑了人类活动圈与自然圈之间的物质能量交换,体现了由工业活动所造成的人为耗散状态。受限于模型的预测精度,thanatia 基准环境所蕴含的

---

　　① thanatia 是本领域学者提出的前沿学术概念,尚未有标准翻译。thanatia 提出了一种化石能源全部燃烧、矿物全部开采并耗散的终极状态。

科学思想目前仍未在化学㶲计算领域广泛普及，若能够更为科学、准确地预测各类资源的耗散速率以及环境化学成分的变化规律，那么选取某个未来时间节点的环境物质组成作为化学㶲计算的基准物质体系将对现阶段工业产品的可持续设计产生积极作用。

热力学非平衡态基准环境模型选取恒温、恒压条件下真实自然环境中的稳定化合物作为化学㶲计算的基准物质体系。在此模型中，基准物质既可能是存在于真实大气圈中的气体，也可能是溶解在海洋圈中的离子，以及储藏于岩石圈中的固体化合物，表2-2列举了几种真实自然环境中的基准物质及其相应浓度。与某一化学元素相对应的基准物质通常是该元素在真实自然环境中最稳定、最常见的化学存在状态。以钙(Ca)元素为例，其基准物质为地壳中的碳酸钙($CaCO_3$)，质量百分比为0.14%。

表 2-2　部分基准物质及其在基准环境中的含量

环境	基准物	含量[摩尔分数(岩石圈、大气圈);质量摩尔浓度(海洋圈)]	环境	基准物	含量[摩尔分数(岩石圈、大气圈);质量摩尔浓度(海洋圈)]
岩石圈	AgCl	1.00×10^{-9}	海洋圈	$B(OH)_3$	3.42×10^{-4}
	Au	1.36×10^{-9}		Cl^-	0.5658
	Be_2SiO_4	2.10×10^{-7}		$HAsO_2^{4-}$	3.87×10^{-8}
	$CoFe_2O_4$	2.85×10^{-7}		BiO^+	9.92×10^{-11}
	In_2O_3	2.95×10^{-9}		IO^{3-}	5.23×10^{-7}
	Al_2SiO_5	2.07×10^{-3}	大气圈	Ar	9.13×10^{-3}
	$BaSO_4$	4.20×10^{-6}		He	4.89×10^{-6}
	$CaCO_3$	1.40×10^{-3}		O_2	0.2054
	K_2CrO_7	1.35×10^{-6}		H_2O	2.17×10^{-2}
	IrO_2	3.59×10^{-12}		N_2	0.7634
海洋圈	Br^-	8.73×10^{-4}		D_2O	3.37×10^{-6}

2.3.2　热力学平衡态、非平衡态基准环境模型的对比分析

热力学平衡态基准环境模型提出了化学㶲严格为零的"死态"基准物质体系，这一建立在大量主观假设之上的基准环境模型虽然符合热力学理论对于平衡态的基本定义，但却远离了真实自然环境的客观存在状态。非平衡态基准环境模型所提出的基准物质体系虽然不具备热力学稳定性，但其与真实自然环境相一致，能够反映真实自然环境的理化特点。

将㶲分析应用于材料生命周期评价的首要目的是提升研究结果的科学性，客观表征材料生产与自然环境之间的相互作用。如果以主观假设的虚拟环境而非真实存在的客观环境作为化学㶲计算的基准零势面，则最终评价结果仅能体现材料生产对此虚拟环境而非客观自然环境的影响，与将㶲分析引入材料生命周期评价的理论初衷相违背。

此外，尽管客观自然环境所包含基准物质的存在状态并不严格满足化学烟值为零的热力学条件，但考虑实际情况，岩石圈、海洋圈、大气圈所包含的物质可被视为工业生产的"最终"资源，选取客观自然环境作为基准物质体系比选取主观假设并非客观存在的基准物质体系更适合于解决材料生命周期评价的资源耗竭表征问题。

化学元素在客观自然环境中的存在状态并不唯一，某一元素可以存在于多种化合物之中。化学元素的基准物质是该元素在自然环境中最"常见"的存在状态，虽然人类目前的技术水平尚无法经济高效地从大气圈、海洋圈、岩石圈中直接提取某些化学元素及化合物，但长期来看，随着高品位资源的不断耗竭与物质提取技术的不断进步，客观自然环境所包含的基准物质将逐渐成为相应化学元素及化合物的最终获取源。

在基准环境的热力学稳定性方面，虽然客观自然环境并非处于热力学平衡态，所包含的各类基准物质之间有发生化学反应的可能性，但若考虑动力学理论，则这些在热力学范畴内可能发生的化学反应由于受到种种动力学因素的限制通常难以被触发。以钙元素为例，从热力学的角度分析，其在环境中的稳定存在状态是 $Ca(NO_3)_2$，但在客观自然环境中，受到反应动力学因素的限制，大多数钙元素均以 $CaCO_3$ 的形式存在。

由上述分析可知，基于客观自然环境的物质组成特点建立的化学烟计算基准物质体系更适合应用于材料生命周期评价的资源耗竭表征。

2.4　元素的化学烟

2.4.1　计算原则

元素的化学烟值是表征材料生产用各类资源耗竭的数据基础，是本书以下各章均会涉及的共性内容。

在元素化学烟值的计算过程中，首先应选取各个元素的基准物质，选取原则如前文所述，是元素在自然环境中最常见、最稳定的化学存在状态；在此基础上，还需设定各个元素的基准反应(reference reaction)，设定原则为：除目标元素以外，元素基准化学反应中的其他反应物与生成物均应属于基准物质体系或烟值已知的其他元素。以 Ca 元素为例，其基准物质为 $CaCO_3$，基准化学反应如式(2-5)所示；在基准化学反应中，除 Ca 元素以外，其他反应物和生成物均属于基准物质体系，其中 O_2 是 O 元素的基准物质、CO_2 是 C 元素的基准物质、$CaCO_3$ 是 Ca 元素的基准物质。

$$Ca+\frac{1}{2}O_2+CO_2 = CaCO_3 \tag{2-5}$$

由于基准物质的化学㶲值可以通过热力学基本公式计算确定，因此，以基准化学反应为基础，依据公式(2-6)即可计算获得元素的化学㶲值。

$$Ex_{el} = \sum Ex_i - \sum Ex_k - \Delta_r G^{\ominus} \tag{2-6}$$

式中，Ex_{el} 代表某一元素的化学㶲值；Ex_i 代表基准反应中第 i 种生成物的化学㶲值；Ex_k 代表基准反应中第 k 种反应物的化学㶲；$\Delta_r G^{\ominus}$ 为基准反应的标准摩尔吉布斯自由能变化。

图 2-4 显示了元素化学㶲值的计算步骤。除前文已详细叙述的基准物质与基准反应的选取问题以外，确定基准物质的化学㶲值也是计算元素化学㶲值的重要环节。客观自然环境包括大气圈、海洋圈与岩石圈，以下分别说明不同物质圈所包含基准物质体系的化学㶲值计算方法。

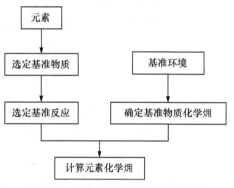

图 2-4　元素化学㶲值的计算步骤

2.4.2　基准物质化学㶲的计算

2.4.2.1　大气圈中基准物质化学㶲的计算

大气圈中包含广泛参与各类基准化学反应的 C、H、O 三种重要化学元素的基准物质，因此确定大气圈中基准物质的化学㶲值在元素化学㶲计算体系中有着举足轻重的地位。大气环境的真实情况十分复杂，在实际计算中通常将其视为理想气体混合物，通过相关热力学模型与基本方程进行近似求解。

基准物质是基准环境中客观存在的化学物质，其纯态与其在基准环境中的真实状态之间仅存在浓度偏差(无化学成分差异)。纯基准物质的化学㶲值等于其可逆地与环境达到热力学平衡状态的过程中对外输出的最大有用功，以此定义为基础，结合热力学基本关系，可知大气圈中基准物质的化学㶲值为

$$\text{Ex}_{\text{rm}} = RT_0 \int_{x_r P_0}^{P_0} \mathrm{d}\ln p = RT_0 \ln \frac{1}{x_r} \tag{2-7}$$

式中，Ex_{rm} 代表大气圈中基准物质 r 的化学㶲值；R 为热力学常数；T_0 为环境温度；P_0 为标准大气压；x_r 为基准物质在大气圈中的摩尔分数。

在国际通用的标准化学㶲计算体系(由 Szargut 建立)中，属于大气圈的基准物质共有十种，分别对应十种化学元素，其中包括对化学㶲计算最为重要的 C、H、O 三大元素，如表 2-3 所示。

表 2-3 大气圈中基准物质以及相应计算参数

基准物质	x_r	基准物质	x_r
Ar	9.13×10^{-3}	CO_2	3.37×10^{-4}
D_2O	3.37×10^{-6}	H_2O	2.17×10^{-2}
He	4.89×10^{-6}	Kr	9.78×10^{-7}
N_2	0.7634	Ne	1.76×10^{-5}
O_2	0.2054	Xe	8.81×10^{-8}

2.4.2.2 海洋圈中基准物质化学㶲的计算

海洋圈中基准物质化学㶲值的具体计算方法如下所示：

$$\text{Ex}_{\text{rm}} = -RT_0 \left[2.303 z_r(\text{pH}) + \ln m_r \gamma_r \right]$$

$$-\log \gamma_r = \frac{A z_r^2 \sqrt{I}}{1 + a_r B \sqrt{I}} \tag{2-8}$$

$$I = \frac{1}{2} \sum m_r z_r^2$$

式中，Ex_{rm} 代表海洋圈中基准物质 r 的化学㶲值；R 为热力学常数；T_0 为环境温度；z_r 为海洋圈中基准物质 r 的电荷数；m_r 为海洋圈中基准物质 r 的质量摩尔浓度；γ_r 为海洋圈中基准物质 r 的活度系数；A 与 B 为常数，常温下分别取 $0.51 \text{kg}^{1/2}/\text{mol}^{1/2}$ 与 $3.287 \times 10^9 \text{kg}^{1/2}/(\text{m} \cdot \text{mol}^{1/2})$；$a_r$ 为海洋圈中基准物质 r 的有效离子半径；I 为所定义海洋圈的离子强度。

表 2-4 列出了属于海洋圈的基准物质以及相关计算参数。

表 2-4 海洋圈中基准物质以及相应的计算参数

基准物质	m_r	$\Delta G/(\text{kJ/mol})$	基准物质	m_r	$\Delta G/(\text{kJ/mol})$
$HAsO_4^{2-}$	3.87×10^{-8}	-714.7	$B(OH)_3$	3.42×10^{-4}	-968.84
BiO^+	9.92×10^{-11}	-146.4	Br^-	8.73×10^{-4}	-103.97
Cl^-	0.5658	-131.26	Cs^+	2.34×10^{-9}	-282.23
IO_3^-	5.23×10^{-7}	-128	K^+	1.04×10^{-2}	-282.44
Li^+	2.54×10^{-5}	-294	MoO_4^{2-}	1.08×10^{-7}	-836.4

基准物质	m_r	$\Delta G/(kJ/mol)$	基准物质	m_r	$\Delta G/(kJ/mol)$
Na^+	0.4739	−262.048	HPO_4^{2-}	4.86×10^{-7}	−1089.3
Rb^+	1.46×10^{-6}	−282.4	SO_4^{2-}	1.24×10^{-2}	−744.63
SeO_4^{2-}	1.18×10^{-9}	−441.4	WO_4^{2-}	5.64×10^{-10}	−920.5

2.4.2.3　岩石圈中基准物质化学㶲的计算

岩石圈的真实化学组成十分复杂且不确定性大，需借助理想固溶体模型对其中基准物质的存在状态进行简化与近似，具体计算公式与大气圈中基准物质化学㶲值的计算公式(2-7)(由理想气体模型得出)形式相同，其中，基准物质的摩尔分数可由公式(2-9)确定

$$x_r = \frac{1}{l_i} n_r c_r M_0 \tag{2-9}$$

式中，x_r 为岩石圈中基准物质的摩尔分数；M_0 表示地壳所包含物质的平均分子量；c_r 表示存在于基准物质中的化学元素占岩石圈中该元素总储量的摩尔分数；n_r 为元素在岩石圈中的平均质量摩尔浓度；l_i 表示每摩尔基准物质所包含相应元素的物质的量。

基于地质统计数据，Szargut 确定出式(2-9)中参数 M_0 的数值为 135.5kg/kmol。此外，参数 x_r、c_r 的具体数值也可通过相关地质统计数据获得。表 2-5 列出了岩石圈所包含的基准物质以及相应计算参数。

表 2-5　岩石圈中基准物质以及相应计算参数

基准物质	x_r	$\Delta G/(kJ/mol)$	基准物质	x_r	$\Delta G/(kJ/mol)$
$AgCl$	1.00×10^{-9}	−109.8	Al_2SiO_5	2.07×10^{-3}	−2440.99
Au	1.36×10^{-9}	—	$BaSO_4$	4.20×10^{-6}	−1361.9
Be_2SO_4	2.10×10^{-7}	−2033.3	$CaCO_3$	1.40×10^{-3}	−1129
$CdCO_3$	1.40×10^{-3}	−669.4	CeO_2	1.17×10^{-6}	−1024.8
$CoFe_2O_4$	2.85×10^{-7}	−1032.6	$K_2Cr_2O_7$	1.35×10^{-6}	−1882.3
$CuCO_3$	5.89×10^{-6}	−518.9	$Dy(OH)_3$	4.88×10^{-8}	−1294.3
$Er(OH)_3$	4.61×10^{-8}	−1291	$Eu(OH)_3$	2.14×10^{-8}	−1320.1
$CaF_2\cdot3Ca_3(PO_4)_2$	2.24×10^{-4}	−12985.3	Fe_2O_3	6.78×10^{-3}	−742.2
Ga_2O_3	2.98×10^{-7}	−998.6	$Gd(OH)_3$	9.21×10^{-8}	−1288.9
GeO_2	9.49×10^{-8}	−521.5	HfO_2	1.15×10^{-7}	−1027.4

续表

基准物质	x_r	$\Delta G/(kJ/mol)$	基准物质	x_r	$\Delta G/(kJ/mol)$
$HgCl_2$	5.42×10^{-10}	-178.7	$Ho(OH)_3$	1.95×10^{-8}	-1294.8
In_2O_3	2.95×10^{-9}	-830.9	IrO_2	3.59×10^{-12}	-185.6
$La(OH)_3$	5.96×10^{-7}	-1319.2	$Lu(OH)_3$	7.86×10^{-9}	-1259.6
$Mg_3Si_4O_{10}(OH)_2$	8.67×10^{-4}	-5543	MnO_2	2.30×10^{-5}	-465.2
Nb_2O_3	1.49×10^{-7}	-1766.4	$Nd(OH)_3$	5.15×10^{-7}	-1294.3
NiO	1.76×10^{-6}	-211.71	OsO_4	3.39×10^{-13}	-305.1
$PbCO_3$	1.04×10^{-7}	-625.5	PdO	6.37×10^{-11}	-82.5
$Pr(OH)_3$	1.57×10^{-7}	-1285.1	PtO_2	1.76×10^{-11}	-83.7
PuO_2	8.40×10^{-20}	-995.1	$RaSO_4$	2.98×10^{-14}	-1364.2
Re_2O_7	3.66×10^{-12}	-1067.6	Rh_2O_3	3.29×10^{-12}	-299.8
RuO_2	6.78×10^{-13}	-253.1	Sb_2O_5	1.08×10^{-10}	-829.3
Sc_2O_3	3.73×10^{-7}	-1819.7	SiO_2	0.407	-856.7
$Sm(OH)_3$	1.08×10^{-7}	-1314	SnO_2	4.61×10^{-7}	-519.6
$SrCO_3$	2.91×10^{-5}	-1140.1	Ta_2O_5	7.45×10^{-9}	-1911.6
$Tb(OH)_3$	1.71×10^{-8}	-1314.2	TeO_2	9.48×10^{-12}	-270.3
ThO_2	2.71×10^{-7}	-1169.1	TiO_2	1.63×10^{-4}	-889.5
$Y(OH)_3$	1.00×10^{-6}	-1291.4	$Yb(OH)_3$	4.61×10^{-8}	-1262.5
$ZnCO_3$	7.45×10^{-6}	-731.6	$ZrSiO_4$	2.44×10^{-5}	-1919.5

2.4.3　元素化学㶲值的计算结果

如前文所述，基准化学反应是计算元素化学㶲的基础，在基准化学反应中，除目标化学元素以外，其他反应物和生成物均属于基准物质体系或化学㶲值已知元素的集合。由此可知，在元素化学㶲计算过程中，不同元素之间存在计算顺序的差别。图 2-5 显示了元素化学㶲的计算顺序，图中箭头指出元素化学㶲的计算优先于箭头指向元素。以 Ba 元素为例，对此进行说明：Ba 元素化学㶲计算的基准反应如式(2-10)所示，其中 Ba 元素为目标元素，$BaSO_4$ 和 O_2 分别为 Ba 元素与 O 元素的基准物质，二者均属于化学㶲计算基准物质体系，S 元素则既不是目标元素也不属于基准物质体系，依据化学㶲计算的基本步骤可知，S 元素化学㶲的计算优先于 Ba 元素化学㶲的计算，在如图 2-5 所示的计算顺序中表现为 S 元素与 Ba 元素分别处于二者之间箭头线的尾端与首端(箭头端)。

$$Ba+S+2O_2 \Longrightarrow BaSO_4 \qquad\qquad (2-10)$$

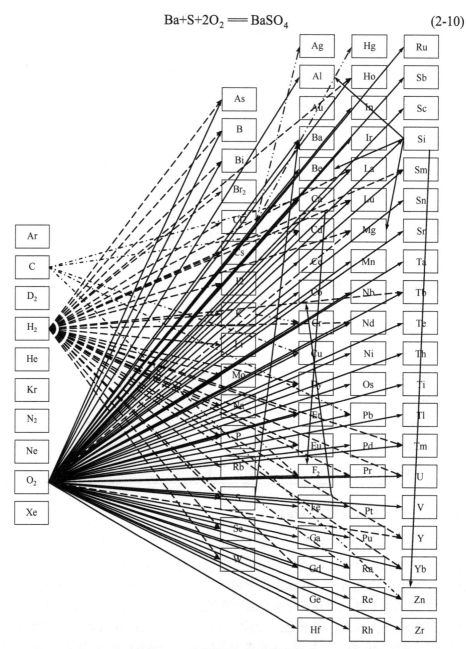

图 2-5　元素化学㶲的计算顺序

由图 2-5 可知，元素化学㶲计算顺序的最基本规律为，大气圈相关元素化学㶲的计算优先于海洋圈相关元素，而海洋圈相关元素化学㶲的计算则优先于岩石圈相关元素。绝大多数元素化学㶲的计算均以 C、H、O 三种元素的化学㶲值为数据基础。F、Mg 元素化学㶲的计算对其他元素化学㶲值的依赖性最高(均以三种其他元素为基础)。在岩石圈中，F、Co、Al、Be、Mg、Zr 等元素的基准物质包含 Ca、Fe、Si 元素，因此，这三种元素的化学㶲值的计算优先于岩石圈中的其他元素。

在确定基准物质化学㶲值的基础之上，结合公式(2-6)，即可对各个元素的化学㶲值进行计算，结果如表 2-6 所示。

表 2-6　常用元素化学㶲值汇总

元素(/稳定单质)	㶲值/(kJ/mol)	元素(/稳定单质)	㶲值/(kJ/mol)	元素(/稳定单质)	㶲值/(kJ/mol)	元素(/稳定单质)	㶲值/(kJ/mol)
H	236.09	Cr	584.3	Ar	11.69	Ru	318.6
He	30.37	Cu	132.5	Kr	34.36	Sb	438.1
C	410.26	Dy	975.9	Xe	40.33	Sc	925.2
N	0.72	Er	972.8	D	263.8	Si	854.9
O_2	3.97	Eu	1003.8	Mo	730.3	Sm	993.6
K	366.6	F_2	504.9	Na	336.6	Sn	551.9
As	494.6	Fe	374.3	P	861.4	Sr	749.8
Bi	274.5	Ga	514.9	Rb	388.6	Ta	974.0
B	628.5	Gd	969.0	S	609.6	Tb	998.4
Br_2	101.2	Ge	557.6	Se	346.5	Te	329.2
Cs	404.4	Hf	1062.9	W	827.5	Th	1202.6
I_2	174.7	Hg	108.0	Cl_2	123.6	Ti	907.2
Li	393.0	Ho	978.6	Ni	242.5	Tm	951.7
Ag	99.4	In	436.8	Os	368.1	U	1196.6
Al	888.2	Ir	246.8	Pb	249.3	V	720.4
Au	50.5	La	994.6	Pd	138.6	Y	965.5
Ba	775.1	Lu	945.7	Pr	963.8	Yb	944.3
Be	604.4	Mg	626.1	Pt	141.0	Zn	344.7
Ca	729.1	Mn	482.0	Pu	1100.0	Zr	1083.4
Cd	298.2	Nb	899.7	Ra	823.9	Tl	194.9
Ce	1054.6	Nd	970.1	Re	559.5		
Co	312.0	Ne	27.19	Rh	179.7		

基准物质在基准环境中摩尔分数/质量摩尔浓度的不确定性是元素化学㶲计算结果的主要误差来源，这一问题对于岩石圈相关元素计算结果的影响尤其显著(相比于海洋圈和大气圈，岩石圈的化学组成均匀度较差)。然而，摩尔分数/质量摩尔浓度(参数 x_r 与 m_r)在基准物质化学㶲的计算公式中属于自然对数(ln)算符项，

对数算符能够减少原始参数波动对最终计算结果的影响，例如，即使将岩石圈中某基准物质的摩尔分数增加 100 倍，相应化学烟值计算结果也只减少约 10kJ/mol。

参 考 文 献

狄向华, 2005. 资源与材料生命周期分析中若干基础问题的研究. 北京: 北京工业大学.

孙博学, 2013. 材料生命周期评价的烟分析及其应用. 北京: 北京工业大学.

郑宏飞, 2001. 烟分析方法论.西安交通大学学报(社会科学版), 21(2)：75-80.

郑宏飞, 2003. 自然资源的烟分析观. 北京理工大学学报(社会科学版), 5(2)：37-39.

郑宏飞, 2004. 烟，一种新的方法论. 北京：北京理工大学出版社.

朱明善, 1988. 能量系统的烟分析. 北京：清华大学出版社.

Ahrendts J, 1997. The Chemical Exergy Reaction System. Dusseldorfm Germany: VDI-Verlag.

Finnveden G, Östlund P, 1997. Exergies of natural resources in life-cycle assessment and otherapplications. Energy, 22(9): 923-931.

Lindeijer E, Müller-Wenk R, Steen B, 2002. Life-cycle impact assessment: striving towards best practice. Florida: SETAC Press.

Morris D, Szargut J, 1986. Standard chemical exergy of some elements and compounds on the planet earth. Energy, 11(8): 733-755.

Müller-Wenk R, 1998. Depletion of Abiotic Resources Weighted on the Base of "Virtual" Impact of Lower Grade Deposits in Future. Saint Gallen: University of St. Galen.

Riekert L, 1974. The efficiency of energy utilization in chemical processes. Chemical Engineering Science, 29(7):1613-1620.

Sun B, Gong X, Liu Y, et al., 2012. Thermodynamics based model of life cycle assessment. Procedia Engineering, 27: 431-439.

Szargut J, 1986. Application of exergy for the calculation of ecological cost. Bulletin of the Polish Academy of Sciences-Technical Sciences, 34(7-8): 475-480.

Szargut J, 1987. Standard chemical exergy of some elements and their compounds, based upon the concentration in earth's crust. Bulletin of the Polish Academy of Sciences, Technical Sciences, 35(1-2): 53-60.

Szargut J, 2005. Exergy Method: Technical and Ecological Applications. Southampton: WIT Press.

Valero A, Agudelo A, Valero A, 2011. The crepuscular planet. A model for the exhausted atmosphere and hydrosphere. Energy, 36(6): 3745-3753.

Wall G, 1986. Exergy-A Useful Concept. Sweden: Chalmer University of Technology.

Wall G, Gong M, 2001a. On exergy and sustainable development-part 1: conditions and concepts. Exergy, an International Journal, 1(4): 128-145.

Wall G, Gong M, 2001b. On exergy and sustainable development-part 2: indicators and methods. Exergy, an International Journal, 1(4): 217-233.

Weidema B, 2000. Can resource depletion be omitted from environmental impact assessment? Poster Presented at SETAC World Congress, UK.

第3章 矿产资源耗竭的㶲表征

矿产资源的充分供给是保证材料工业可持续发展的质料基础，其充分利用与否从根本上制约着材料生产流程的直接资源转化效率。早在 20 世纪 80 年代，已有学者将㶲理论引入矿产资源耗竭表征的研究当中，基于欧洲典型矿区的相关数据计算了常用金属矿物的化学㶲值，有力推动了生命周期评价资源耗竭特征化问题在理论认识层面的发展。在模型实际应用过程中逐渐获得重视的矿物化学组成数据的区域依赖性问题，以及多矿相混合熵的计算问题，使得现阶段研究在数据获取与建模方法方面仍存在可兹改进之处。

在前文所选定的基准环境与基准物质化学㶲体系的基础之上，本章将系统阐述天然矿物化学㶲的计算方法，通过收集我国典型矿区的矿物化学组成数据，系统计算常用纯矿物以及天然矿物的化学㶲值，着重讨论矿产资源因子区域化研究的实际意义，并分析模型假设对计算结果精确度的影响程度。

3.1 天然矿石与纯矿物之间的资源属性差异

化学㶲是度量物质系统与基准环境之间成分差异与浓度差异的热力学函数。化学纯态基准物质与自然参考环境相平衡的正向过程(向环境扩散)或逆向过程(从环境提炼)为不涉及化学反应的扩散过程，其化学㶲计算的关键参数为基准物质在自然参考环境中的浓度，而化学纯态非基准物质与自然参考环境相平衡的正向过程与逆向过程的发生须凭借可生成纯态基准物质的化学反应途径，以及纯态基准物质向参考环境基准物质库的浓度扩散。

在人为生产过程中，化学组成一定的纯物质在生产转化过程中所发生的化学㶲损失由以下两方面造成：一方面是参与了化学势由高至低的自发化学反应；另一方面是参与了浓度下降的扩散过程。两类资源损失途径的理论基础一致，均可归结为自由能变化，在实际计算过程中，前者需重点分析反应的自由能变化，而后者则重点考虑物质扩散过程浓度状态的变化。例如，冶金过程中矿物向各类中间产品以及废渣转变过程中所造成的资源损失需计算相应化学反应的自由能变化；高浓度含硫尾气向大气环境扩散过程所造成的资源损失可通过确定硫化物的浓度变化获得。

化学元素通过地质作用(如岩浆活动、风化剥蚀等)发生迁移、聚集而形成的矿石并非化学组成均匀单一的纯物质，而是存在大量类质同象、共生、伴生等现象的复杂混合物。一般而言，根据原生矿物的相对含量，可将矿石成分划分为主要矿物、次要矿物和副矿物。例如，花岗岩的主要矿物是石英、钾长石和斜长石，如果缺少石英和斜长石，则岩石为正长岩类，如果缺少石英和钾长石，则岩石属于闪长石类。由此可知，与资源属性最高的化学纯态物质相比，由岩石圈开采出的天然矿石并非处于物质资源的理想态(即纯态)，不同纯矿物在天然矿石中的混合存在状态造成物质系统资源属性的下降。与纯物质在人为生产过程中发生的资源损失不同，这种类型的资源损失发生在自然地质过程中，是发生在矿石进入人类技术圈之前所发生的资源属性"元损失"，也是天然矿石化学㶲与纯矿物化学㶲之间的差异所在。若在计算天然矿石化学㶲的过程中忽略这部分资源"元损失"，仅对天然矿石中不同纯矿物的化学㶲值进行求和，则计算结果无法反映由不同纯矿物混合造成的化学㶲损失，对于某些化学组成复杂的矿物，此种简化计算将显著影响结果的精确度。

3.2 纯矿物化学㶲的计算

图 3-1 描述了元素生成一定纯矿物(化合物)过程的化学㶲变化，图中纯矿物 X 可由不同化学元素 A_i(稳定态)合成，各种元素在每摩尔 X 分子中的物质的量为 α_i。

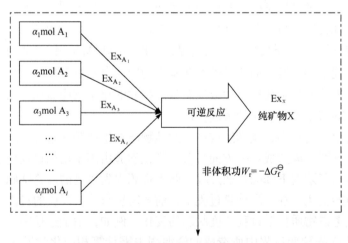

图 3-1 元素化学㶲与纯矿物化学㶲之间的平衡关系

矿物在一定地质作用下的真实形成过程通常十分复杂，在形成后，矿物还会因环境的变迁而发生化学形态的转变，图 3-1 中所设计的由稳定化学元素通过相应化学反应得到一定矿物的生成过程并非是对真实复杂地质作用的反映与建模，而是利用热力学状态函数与实现过程无关的基本属性，在标准化学㶲值已知的化学元素(参见第 2 章中的相关内容)与化学㶲值未知的目标纯矿物之间构建可逆变化的途径(可逆途径意味着物质系统对外做功最大)，通过确定反应过程所造成的做功能力损失，计算获得纯矿物的化学㶲值。

物质标准化学㶲的计算条件是恒温恒压，在此条件下，一定物质系统经历可逆化学变化后，其资源品质保持不变，即系统剩余化学㶲值和对外输出功的总量与系统初始化学㶲值相等。在化学反应前，物质系统的化学㶲体现了相关元素与自然参考环境的化学偏离程度，经历化学反应后，元素化学㶲值中的一部分转化为生成物(即目标纯矿物)X 的化学㶲值，另一部分则转化为物质系统对外所做的有用功(非体积功)。从能量转化的角度分析，由化学键重构所释放的能量并没有以热量的形式传向环境，而是完全转化为对外输出功，整个过程的㶲变化如式(3-1)中的㶲平衡关系所示：

$$\sum \alpha_i \mathrm{Ex}_{A_i} = W_r + \mathrm{Ex}_X \tag{3-1}$$

式中，Ex_{A_i} 为单位各元素的化学㶲；W_r 为反应过程对外所做的非体积功；Ex_X 为生成物 X 的化学㶲。

由吉布斯自由能的物理意义可知，对于在恒温恒压下进行的可逆化学变化，反应物吉布斯自由能的减少与物质系统对外部环境输出的非体积功大小相等，如式(3-2)所示：

$$W_r = -\Delta G_r \tag{3-2}$$

式中，ΔG_r 为可逆反应的吉布斯自由能变化；W_r 为物质系统对外部环境输出的非体积功；式中的负号表示当系统自由能减少时物质系统对外部环境做正功。

由于图 3-1 中的反应物均为稳定态的纯化学元素(单质)，因此参数 ΔG_r 等同于纯矿物 X 的标准摩尔生成吉布斯自由能 $\Delta G_f^\ominus$。结合式(3-2)可知，纯矿物的化学㶲可表示为

$$\mathrm{Ex}_X = \sum \alpha_i \mathrm{Ex}_{A_i} + \Delta G_f^\ominus \tag{3-3}$$

由公式(3-3)可知，纯矿物化学㶲值的计算过程涉及三个关键参数，分别为元素的化学㶲值、矿物的标准摩尔生成吉布斯自由能以及每摩尔矿物所包含各元素的摩尔数。第 2 章已系统阐述了元素标准化学㶲值的计算方法与计算结果，而纯矿物的化学组成(确定元素摩尔数)与标准摩尔生成吉布斯函数均可通过查阅矿物化学热力学手册获得，将相关参数代入公式(3-3)可得各类常见纯矿物的化学㶲值如表 3-1 所示。

表 3-1　纯矿物化学㶲值的计算结果

矿物名称	㶲/(kJ/g)	矿物名称	㶲/(kJ/g)	矿物名称	㶲/(kJ/g)
辉银矿	3.10	铅丹	0.66	赤铜铁矿	0.22
陨硫钙石	12.21	石英	0.04	钙钛矿	0.49
方硫钴矿	11.33	方石英	0.08	铝酸钙	2.09
铜蓝	7.22	鳞石英	0.09	铁尖晶石	1.77
辉铜矿	4.95	氧化硅玻璃	0.14	尖晶石	1.66
斑铜矿	6.31	金红石	0.27	蓝晶石	1.23
黄铜矿	8.45	锐钛矿	0.35	红柱石	1.24
硫铁矿	10.03	红锌矿	0.32	矽线石	1.25
黄铁矿	11.94	三氟化铝	1.96	莫来石	1.37
辰砂	2.87	萤石	0.73	硅钡石	0.21
硫锰矿	10.04	氟镁石	0.96	硬柱石	0.95
辉钼矿	10.52	冰晶石	1.28	镁钙硅石	0.61
方铅矿	3.19	氯银矿	0.36	钙镁橄榄石	0.48
硫锡矿	7.01	氯钙石	0.94	镁黄长石	0.47
闪锌矿	7.71	铁盐	1.39	柱硅钙石	1.52
纤锌矿	7.84	氯镁石	1.66	硅钙石	0.54
刚玉	1.96	水氯镁石	0.31	镁橄榄石	0.45
硬水铝石	1.55	石盐	0.24	硅锌矿	0.13
勃姆石	1.53	毒重石	0.30	透闪石	0.10
三水铝石	1.21	方解石	0.16	透辉石	0.19
氧化硼	0.99	文石	0.18	硅灰石	0.35
氧化钡	1.68	白云石	0.14	高岭石	0.69
铍石	1.05	碳酸钙镁矿	0.11	白云母	0.64
石灰	2.28	滑石	0.06	钙长石	0.82
羟钙石	0.95	菱镁矿	0.15	钠长石	0.36
钴尖晶石	0.71	三水菱镁矿	0.23	微斜长石	0.34
黑铜矿	0.06	碳酸钠	0.42	叶蜡石	0.53
赤铜矿	0.85	苏打石	0.24	冰长石	0.36
氧化铒	0.37	重晶石	0.13	歪长石	0.38
氧化亚铁	1.74	硬石膏	0.18	钾长石	0.48

续表

矿物名称	烟/(kJ/g)	矿物名称	烟/(kJ/g)	矿物名称	烟/(kJ/g)
赤铁矿	0.08	石膏	0.15	钠长石	0.54
磁铁矿	0.51	胆矾	0.24	埃洛石	0.76
羟铁矿	1.35	明矾石	0.79	金云母	0.11
方镁石	1.46	芒硝	0.08	绿泥石	0.22
水镁石	0.56	无水芒硝	0.18	钛铁矿	0.85
方锰矿	1.71	锌矾	0.56	针铁矿	0.09
软锰矿	0.23	磷铝石	0.77	锆英石	0.15
黑铅矿	0.16	白磷钙矿	0.21	菱锰矿	0.72
铅黄	0.28	羟磷灰石	0.17	菱铁矿	1.07

3.3　天然矿石化学烟的计算

材料生产流程所实际消耗的物质原料均是由多种纯矿物混合组成的天然矿石,例如,钢铁冶炼流程所消耗的铁矿石通常是由磁铁矿、长石、云母、石英等纯矿物组成的混合物。如本章 3.1 节所述,多种纯矿物混合造成了天然矿石资源属性的"元损失",因此,在计算得到不同纯矿物化学烟值的基础之上,还需对材料生产流程所实际消耗的天然矿石的化学烟进行计算。

如图 3-2 所示,天然矿石的化学烟值可分为两个部分,分别对应两个计算步骤。其中,第一部分是独立存在的不同纯矿物对天然矿石整体化学烟值的直接贡献,不考虑不同矿物之间的混合状态,与之相应的计算步骤为对矿石所包含不同纯矿物的化学烟值进行求和;第二部分重点考虑矿物混合所造成的化学烟损失,相应计算过程主要涉及混合熵的表达方式。图中,符号 A_1,A_2,A_3,$\cdots$,A_n 代表独立存在的各个纯矿物;参数 m_{A_1}, m_{A_2}, m_{A_3}, $\cdots$, m_{A_n} 为不同纯矿物在天然矿石中的摩尔分数。由图 3-2 可知,真实天然矿石化学烟值的计算公式可表示为

$$\mathrm{Ex}_{\text{天然,m}} = \sum x_{A_i} \mathrm{Ex}_{A_i} + RT_0 \sum n_{A_i} \ln \alpha_{A_i} \tag{3-4}$$

式中,$\mathrm{Ex}_{\text{天然,m}}$ 为单位质量天然矿石的化学烟值;x_{A_i} 为纯矿物 A_i 在天然矿石中的质量百分比;Ex_{A_i} 为单位质量纯矿物 A_i 的化学烟值;R 为热力学常数;T_0 为常温;n_{A_i} 为纯矿物 A_i 在单位质量天然矿物中的摩尔数;α_{A_i} 为其活度。

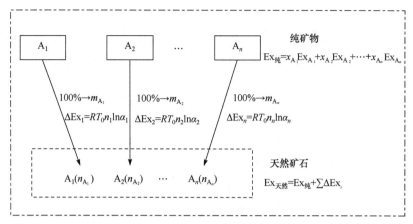

图 3-2　天然矿石化学㶲值与纯矿物化学㶲值之间的关系

在实际计算过程中,可利用热力学理论中理想混合物模型对矿物混合熵变化(混合化学㶲降低)进行估算,即以纯矿物在天然矿石中的摩尔分数 m_{A_i} 代替其活度参数 α_{A_i},如式(3-5)所示

$$\mathrm{Ex}_{天然,m} = \sum x_{A_i}\mathrm{Ex}_{A_i,m} + RT_0\sum n_{A_i}\ln m_{A_i} \tag{3-5}$$

虽然如式(3-5)所示的简化运算过程会降低所求得化学㶲因子绝对值的准确度,然而从实践应用的角度考虑,在化学㶲计算体系中,所有由物质混合所造成的资源损失均可通过理想混合物模型予以量化(即以摩尔分数代替活度参数),因此在面向材料生产流程的实际研究中,此项近似不会对比较分析结果产生显著影响。另外,从基本定义的角度考虑,化学㶲是物质系统与参考环境、基准物质之间热力学强度量偏差的度量,由于基准物质化学㶲值的确定过程同样利用了理想混合模型,因此采用理想混合模型计算天然矿石的化学㶲值可降低简化模型在整体计算系统中所造成的不确定性。

由天然矿石化学㶲值的计算公式可知,纯矿物组成数据对矿石化学㶲值的计算过程至关重要。Finnveden 等对包括铁矿石、铜矿石在内的 11 种常用矿石的化学㶲值进行了系统计算,分析了矿石化学㶲与共生金属元素之间的分配关系,然而,其计算过程均以欧洲典型矿区的矿石化学组成数据为基础,得到的化学㶲因子难以与其他地区所产矿石的化学组成特点相匹配,应用范围仅限于以欧洲矿石为原料的材料生产企业。为了客观反映我国矿产资源的真实化学组成特点,应收集编制我国典型矿区的相关基础数据,将其代入矿石化学㶲计算公式,从而确定我国材料生产流程常用的各类天然矿石的化学㶲因子,以下为计算过程所涉及的部分天然矿石中矿相组成及其产地的详细信息与数据(质量百分比)。

滑石矿(辽宁):滑石 55%、菱镁矿 42%、石英 1.5%、黄铁矿 1.5%;

　　长石(湖北)：微斜长石 39.9%、钠长石 19.6%、石英 32.8%、白云母 7.7%；

　　高岭土(广东)：高岭石 33%、埃洛石 10%、长石 5%、石英 43%、白云母 7%、赤铁矿 1.3%、金红石 0.7%；

　　岩石：钠长石 51%、石英 25%、金云母 10%、钙长石 6%、透闪石 8%；

　　荧石矿(江西)：荧石 58.14%、石英 39.4%、重晶石 1.19%、方解石 0.19%、赤铁矿 1.08%；

　　硅灰石矿(吉林)：硅灰石 70%、方解石 15%、石英 10%、透辉石 5%；

　　硅砂矿(江苏)：石英 85%、长石 15%；

　　菱镁矿(辽宁)：菱镁矿 89.61%、白云石 2.53%、滑石 5.6%、透闪石 0.12%；

　　钛铁矿(海南)：钛铁矿 20.63%、金红石 12.75%、锆英石 4.03%、磁铁矿 0.7%、脉石 59.89%；

　　石灰石：方解石 81.7%、白云石 18.3%；

　　铁矿石(吉林)：磁铁矿 26.69%、菱铁矿 35.32%、黄铁矿 0.39%、黄铜矿 0.02%、菱锰矿 7.20%、绿泥石 19.66%、伊利石 2.46%、石英 3.80%、高岭石 3.68%；

　　铝土矿(广西)：一水铝石 55.15%、三水铝石 5.28%、高岭石 3.53%、绿泥石 4.83%、石英 1.10%、针铁矿 16.73%、赤铁矿 3.95%、水针铁矿 3.19%；

　　白云石矿(辽宁)：白云石 98.6%，石英 1.4%。

　　将各类天然矿石的纯矿物组成数据代入公式(3-5)，计算得到矿石化学㶲因子如表 3-2 所示。

表 3-2　材料生产流程常用天然矿石的化学㶲值

矿物	滑石	长石	高岭土	萤石矿	硅灰石	硅砂矿	岩石矿
化学㶲/(MJ/kg)	0.267	0.247	0.365	0.423	0.257	0.075	0.339

矿物	菱镁矿	钛铁矿	石灰石	铁矿石	铝土矿	白云石	
化学㶲/(MJ/kg)	0.139	0.224	0.149	0.663	0.948	0.136	

　　对于天然矿石化学㶲因子的计算结果需做以下两点说明：

　　(1) 天然矿石的具体物相组成通常十分复杂，其矿物组成部分(即矿石中可被利用的金属、非金属矿物，如铜矿石中的黄铜矿、辉铜矿等各类含铜矿物)与脉石部分(即与矿物相伴生，难以被直接利用的矿物，如铜矿石中的石英、绿泥石等)均难以精准确定；

　　(2) 本章虽然对天然矿石的纯矿物组成数据进行了区域化整理，计算更新了基于欧洲矿石化学组成数据计算得到的化学㶲因子，然而，受地质作用空间差异性的影响，我国不同矿区所产出的矿石之间也存在一定化学组成差别，目前已获得的基础数据仍不足以支撑对我国不同矿区所产矿石之间的化学组成差异进行量化。

　　针对上述两方面问题，未来研究可通过更广泛地汇编基础数据，关联天然矿石的化学㶲计算方法与地质矿产领域的相关数据库节点，拓展化学㶲计算过程所涉及参数的数据源，进而在覆盖率与精确度方面完善矿石化学㶲因子集；此外，在实际应用研究中，还可将材料生产流程真实消耗天然矿石的物相组成数据代入公式(3-5)计算获得流程针对性强的化学㶲因子。

　　由本章前文内容及公式(3-5)可知，天然矿石化学㶲值的计算分为两个部分：①天然矿石所包含不同纯矿物化学㶲值的加和(公式中第一项)；②纯矿物混合所造成的矿石化学㶲损失(公式中第二项)。其中，第一项计算结果取决于天然矿石的具体物相组成，因此，采用我国典型矿区的矿石物相组成数据计算化学㶲值保证了所得因子能够客观反映我国矿产资源的化学特点；式中第二项计算结果取决于天然矿石中纯矿物混合的复杂程度，这弥补了传统生命周期评价特征化模型在处理矿产资源耗竭问题时，将不同类型矿物视为独立存在，忽略了矿物混合状态所造成的天然矿石资源品质下降的理论缺陷。

　　为进一步说明通过公式(3-5)计算得到的天然矿石化学㶲值的实际意义，现以铁矿石与铝土矿为例，对比本章计算得到的与国外学者计算得到的天然矿石化学㶲结果之间的数值差异，分析纯矿物混合所造成的化学㶲损失在天然矿石化学㶲值中所占的比例，最终结果如图3-3所示。

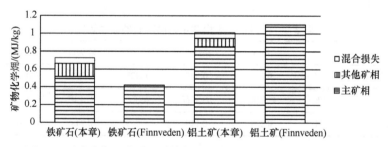

图3-3　对本章资源化学㶲计算结果的分析(以铁矿石与铝土矿为例)

　　由图3-3可知，不同地质区域所产出的同类矿石之间存在化学㶲值差异，这一对比结果与前文中的讨论内容相一致。本章计算得到的铁矿石的化学㶲值比国外学者的计算结果约高58%，而铝土矿的化学㶲值则比国外学者的计算结果约低14%。图中，铁矿石和铝土矿化学㶲计算结果中的主矿相化学㶲值是指天然矿石中包含铁、铝等有用元素的纯矿物的化学㶲值，其他矿相化学㶲值是指天然矿石中无用脉石的化学㶲值。尽管天然铁矿石和铝土矿的物相组成情况十分复杂，但矿石中的主矿相仍是其化学㶲值的主要贡献者，矿石中主矿相的种类与含量不同是本章计算结果与国外学者计算结果之间差异的首要原因。对于铁矿石，本章计算结果较高的主要原因是：与产于欧洲的铁矿石的物相组成相比，本章所选取的产于我国典型矿区的铁矿石含有大量高化学㶲值的菱铁矿(35.32%)；对于铝土矿，本章计算结果较低的主要原因是：本章所选取典型铝土矿的一水铝石、三水铝石含量比 Finnveden 所选取欧洲铝土矿的主矿相含量低约 10%。

　　在纯矿物混合化学㶲损失计算项方面，天然铁矿石与铝土矿的矿相组成十分复杂，纯矿物混合所造成的化学㶲值降低较为显著。如图 3-3 所示，纯矿物混合化学㶲损失在天然矿石化学㶲值计算结果中所占的数值比例为 8%～9%，因此，在天然矿石化学㶲值的计算过程中，考虑纯矿物混合所造成的矿石资源属性的"元损失"可明显提升化学㶲因子计算结果的客观性与科学性。

参 考 文 献

《非金属矿工业手册》编辑委员会, 1991a. 非金属矿工业手册(上册). 北京: 冶金工业出版社.
《非金属矿工业手册》编辑委员会, 1991b. 非金属矿工业手册(下册). 北京: 冶金工业出版社.
蒋晓光, 王岭, 储刚, 等, 2012. X 射线衍射法(XRD)分析煅烧白云石的物相组成. 中国无机分析化学, (1): 31-33.
李艳军, 王艳玲, 刘杰, 等, 2011. 羚羊铁矿石工艺矿物学. 东北大学学报(自然科学版), 32(10): 1484-1487.
林传仙, 白正华, 张哲儒, 1985. 矿物及有关化合物热力学数据手册. 北京: 科学出版社.
孙博学, 2013. 材料生命周期评价的㶲分析及其应用. 北京: 北京工业大学.
王鲁毅, 栗红, 2009. 回转窑煅烧烧结石灰的探索. 耐火与石灰, 34(3): 11-14.
夏楚林, 张起钻, 高莉, 2011. 桂西堆积型铝土矿矿物组成及地球化学特征探析. 轻金属, (5): 6-9.
Finnveden G, Östlund P, 1997. Exergies of natural resources in life-cycle assessment and other applications. Energy, 22(9): 923-931.

第4章　中国能源产品的累积㶲需求分析

物质是不灭的，无论是烧成过程还是冶金过程，材料生产并不改变物质的总量，其实质是利用含碳资源所提供的能量驱动物料化学状态的改变。各类能源产品的投入一方面保障了材料生产过程的持续运行，另一方面也制约着生产过程的资源转化效率。科学量化由能源投入所造成的自然资源损失对于优化材料产品全生命周期资源消耗强度以及发展新型节能技术至关重要。

能源产品投入所造成的资源损失可分为化石能源消耗以及供能系统生产转化消耗两部分。对于化石能源消耗，本章介绍了国际上发展得较为成熟的能源化学㶲值计算方法。对于供能系统的生产转化消耗，本章阐述了供能系统中各能源产品生产过程之间的物质流交互现象，指出了将传统清单编制方法应用于复杂物质流系统所导致的误差，建立了基于投入产出思想的能源产品累积化学㶲计算模型，并将其应用于材料供能系统的物质流建模，通过收集能源部门相关生产数据，计算得到了材料生产常用能源产品的累积化学㶲，最终分析了应用所建模型对提高化学㶲因子计算精确度的贡献。此外，由于材料生命周期过程中的交通运输环节仅消耗能源产品(忽略基础设施投入)，因此本章的分析内容与计算对象也包括各类交通运输过程(等效为汽油、柴油等二次能源消耗)。

4.1　化石能源化学㶲的计算

理论上讲，化石能源的化学㶲值与天然矿物的化学㶲值在计算方法方面并无区别，基于元素的标准化学㶲值，可通过第 3 章中公式(3-3)对其进行计算。然而，由于无机物的化学组成特点与有机物的化学组成特点之间存在根本差别，国外学者发展了针对有机物成分与结构的化学㶲值计算方法，形成了系统的化石能源化学㶲值估算因子集。本节分别介绍针对有机物、化石能源化学㶲值计算的"官能团贡献法"和"㶲能比值法"，其中，前者是基于成分结构数据的较为精确的计算方法，而后者则是基于物质发热量的估算方法。

4.1.1　官能团贡献法

官能团贡献法由 Shieh 提出，此方法以各个独立有机官能团的化学㶲值以及有机物的化学结构(官能团组成)为基础，在具体计算过程中，对某一有机物所包

含官能团的化学㶲值进行加和，如公式(4-1)所示

$$\text{Ex}_{\text{org}} = \sum g_i \text{Ex}_i \tag{4-1}$$

式中，Ex_{org} 为有机物的摩尔化学㶲(kJ/mol)；g_i 为每摩尔该有机物所包含官能团 i 的摩尔数(mol)；Ex_i 为官能团 i 的摩尔化学㶲(kJ/mol)。

表 4-1 列出了常见有机物官能团的化学㶲值。采用官能团法计算有机物的化学㶲值，需要掌握有机物的详细分子结构，这对分子结构简单的有机物是可行的，然而，对于由大量有机物混合组成的有机燃料而言，由于难以全面获得其化学组成与结构的详细数据，因此，官能团法并不适合应用于化石能源(有机燃料)化学㶲值的计算。

表 4-1　常见有机物官能团的化学㶲值

官能团	气体燃料/(kJ/mol)	液体燃料/(kJ/mol)	官能团	气体燃料/(kJ/mol)	液体燃料/(kJ/mol)
$-C-$	462.77	462.64	$-C=O$	293.87	281.36
$-CH$	557.40	545.27	$H-C=O$	412.68	400.21
$-CH_2$	654.51	651.46	$HO-C=O$	168.04	155.11
$-CH_3$	747.97	752.03	$=CH$	576.31	569.95
$=C-$	513.35	473.02	$=CH_2$	678.74	675.68

4.1.2　㶲能比值法

依照天然矿石化学㶲值的计算方法对化石能源的化学㶲值进行精准计算是难以实现的。为了提升计算方法的可操作性，Szargut 提出了一种有机燃料化学㶲值的近似估算法，即"㶲能比值法"。该计算方法的核心思想是通过确定有机燃料的化学㶲值与发热量的比值，对其化学㶲值进行估算，如公式(4-2)所示。将该方法应用于有机燃料化学㶲值计算有计算过程简洁、可操作性强等优势。

$$\beta = \frac{\text{Ex}_{\text{org}}}{H_1} \tag{4-2}$$

式中，β 为有机燃料的㶲能比(无量纲)；Ex_{org} 为有机燃料的㶲值(MJ/kg)；H_1 为有机燃料的低发热量(MJ/kg)。

有机燃料的热值属于易于获得的常规统计数据，结合公式(4-2)可知，只需确定有机燃料的㶲能比，便可对其化学㶲值进行计算，因此，公式(4-2)中的㶲

能比 β 是计算有机燃料化学㶲值的关键参数。Szargut 将参数 β 视为有机燃料中 C、H、O、N、S 等化学元素之间原子数量比(n_C、n_H、n_O、n_N、n_S)的函数,不同类型有机燃料的参数 β 的表达式亦不相同,其中应用最为广泛的几组表达式如公式(4-3)~公式(4-5)所示。

对于固态 C、H、O、N 燃料:

$$\beta = 1.0347 + 0.014 \frac{n_H}{n_C} + 0.0968 \frac{n_O}{n_C} + 0.0493 \frac{n_N}{n_C}, \quad \frac{n_O}{n_C} \leqslant 0.5 \tag{4-3}$$

$$\beta = \frac{1.044 + 0.016 \frac{n_H}{n_C} - 0.3493 \frac{n_O}{n_C}\left(1 + 0.0531 \frac{n_H}{n_C}\right) + 0.0493 \frac{n_N}{n_C}}{1 - 0.4124\left(\frac{n_O}{n_C}\right)}, \quad 0.5 \leqslant \frac{n_O}{n_C} \leqslant 2 \tag{4-4}$$

对于液态 C、H、O、S 燃料:

$$\beta = 1.047 + 0.0154 \frac{n_H}{n_C} + 0.0562 \frac{n_O}{n_C} + 0.5904 \frac{n_S}{n_C}\left(1 - 0.175 \frac{n_H}{n_C}\right), \quad \frac{n_O}{n_C} \leqslant 1 \tag{4-5}$$

表 4-2 列出了包括化石能源在内的常用有机燃料的 β 值,以此为基础,可依据公式(4-2)对不同燃料的化学㶲值进行估算。

表 4-2　常用有机燃料的 β 值

燃料	硬煤	褐煤	液体碳氢燃料	天然气	焦炭	木材	焦炉煤气	高炉煤气
β	1.09	1.17	1.07	1.04	1.06	1.15	1.00	0.98

4.2　能源产品的累积㶲需求

材料生产流程所直接消耗的载能体既有从自然界直接开采获得的初级能源,如水泥生产过程所消耗的原煤,也有经一次能源加工转化得到的二次能源,如炼铁流程所消耗的焦炭、电解精炼过程所消耗的电力等。对于生产过程的初级能源消耗,可采用 4.1 节中计算得到的化石能源化学㶲因子予以定量表征。对于生产过程所直接消耗的二次能源,需首先确定其累积化石能源实物消耗量,在此基础上,表征其累积㶲需求,即与二次能源产品相关联的所有生产过程所消耗的自然资源㶲的总和。本章以下部分将重点分析讨论二次能源产品累积㶲因子的计算。

4.2.1　能源产品累积㶲需求的计算方法

能源产品累积㶲需求的计算过程可分为两个步骤:

(1) 确定能源产品的生命周期(摇篮到大门)清单。由于累积㶲需求只与资源消耗量相关,因此该生命周期清单只需编制资源消耗量而无须考虑过程的污染物排放情况。

(2) 以能源产品的生命周期资源消耗清单为数据基础,结合本章前文所给出的各类初级能源的化学㶲因子,计算能源产品全生命周期(摇篮到大门)所消耗初级能源的总化学㶲,即累积㶲需求因子,如公式(4-6)所示

$$CExD_{EN}=C_{RC}Ex_{RC}+C_{CO}Ex_{CO}+C_{NG}Ex_{NG}+Ex_{CON} \tag{4-6}$$

式中,$CExD_{EN}$ 为能源产品的累积㶲需求;C_{RC}、C_{CO}、C_{NG} 分别为单位能源产品生命周期过程中的原煤、原油、天然气消耗量;Ex_{RC}、Ex_{CO}、Ex_{NG} 分别为单位原煤、原油、天然气的化学㶲值;Ex_{CON} 代表由生产装备制造及工厂基础设施建设所造成的资源㶲消耗。

若所选取的系统边界包括与能源产品生产相关的装备制造过程以及基础设施建设过程(如参数 Ex_{CON} 所示),那么相应的生命周期资源消耗清单,除初级能源外,还应包括装备制造和基础设施建设所间接消耗的各类资源。由于上述基础数据在现存数据库中较为匮乏,因此能源产品生命周期研究的边界范围通常不包括装备制造过程及基础设施建设过程所产生的资源、环境负荷。虽然忽略装备设施损耗会对分析结果产生一定影响,但相关研究表明,这一影响在能源产品全生命周期评价结果中所占比重甚微,不会造成计算数值的显著波动。

4.2.2　系统边界

材料制造流程的外部能源供应系统主要由电力生产、炼焦、原油精炼、煤炭开采、选洗、原油、天然气开采五大能源生产部门构成。由于不同能源生产部门之间的物流关系十分复杂,且相互依赖程度较大,因此孤立地分析某一能源部门或某一能源产品无法全面反映其真实的生命周期过程。如图 4-1 所示,本章研究所选取的边界范围包含材料供能系统中各主要能源产品的生产过程,表 4-3 列出了能源产品的具体种类及相应功能单位。

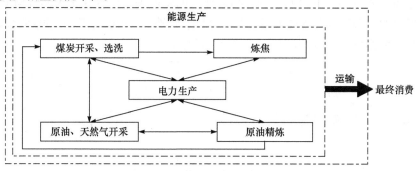

图 4-1　能源生产系统边界

表 4-3 能源产品及其功能单位

部门	产品	功能单位	部门	产品	功能单位
煤炭开采、选洗	原煤(RC)	1kg	原油精炼	燃料油(FO)	1kg
	洗煤(CC)	1kg		液化石油气(LPG)	1kg
	中煤(MC)	1kg		炼厂干气(RG)	1kg
炼焦	焦炭(CK)	1kg		汽油(GA)	1kg
	焦炉煤气(COG)	1m³		煤油(KE)	1kg
原油、天然气开采	天然气(NG)	1m³	电力生产	柴油(DI)	1kg
	原油(CO)	1kg		电力(EL)	1kW·h

发电过程以外的能源生产过程均属于典型的多输出生产过程,其产品种类多样、构成复杂。例如,除了焦炭与焦炉煤气之外,炼焦过程还会产出一定数量的焦油和粗苯。由于难以获得全部输出产品的详细数据,因此本章将重点分析各能源生产过程的主要能源产品(表 4-3),忽略产量占比小的伴生产物。

4.2.3 能源生产系统中的物质流循环问题

作为材料制造业的上游过程,编制能源生产系统的生命周期清单是进一步开展各类材料产品生命周期评价研究的数据基础,直接影响着下游材料产品环境负荷表征结果的准确性。

在整个能源生产系统中,不同能源产品之间的相互依存关系十分复杂,物质流循环现象普遍(产品 B 的生产过程消耗产品 A,而产品 A 的生产过程也要消耗产品 B,即产品 A 与产品 B 二者互为对方的生产原料)。以电力和原煤为例对此现象进行说明:一方面,原煤是电力生产的直接输入资源;另一方面,原煤的开采过程会消耗一定的电力。由此可知,原煤与电力二者之间的生产关系为如图 4-2 所示的物流环。

除却上述原煤与电力的实例,物流环式的生产关系还存在于天然气与电力、原煤与原油、原煤与天然气等能源产品之间,此外,多种能源产品之间(两种以上)的生产关系亦可表现为物流环,如图 4-3 所示。

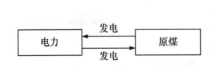

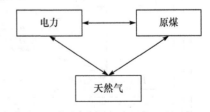

图 4-2 原煤与电力之间的物流环　　图 4-3 原煤、天然气、电力之间的物流环

复杂物流环的存在对能源产品生命周期资源消耗清单的计算造成以下两方面问题：

(1) 清单计算顺序问题。就一般清单计算逻辑而言，在对多个产品的生命周期清单进行建模分析时，不同产品的清单之间在计算顺序上存在差异，基础产品(即上游产品)清单的计算应优先于高级产品(即下游产品)清单的计算。然而，物流环的存在使得能源生产系统中不同能源产品生命周期资源消耗清单的计算逻辑异于常规。现以原煤与电力为例对此问题进行说明：一方面，编制电力生产的生命周期清单依赖于原煤生产的清单；另一方面，煤炭开采过程会消耗一定电力，电力生产的清单是确定原煤生命周期清单的基础。由此可知，从计算逻辑的角度考虑，既不可能在缺失原煤生命周期清单的条件下编制获得电力的生命周期清单，也无法在缺失电力生命周期清单的条件下编制获得原煤的生命周期清单，电力与原煤的清单之间是相互依存关系，这明显异于常规的产品生命周期清单的计算逻辑。

(2) 无穷生产层次问题。物流环的大量存在导致难以对能源生产系统中不同能源产品之间的复杂生产关系进行量化。以表 4-4 中所示的电力生产为例，假设单位电力生产过程的直接原煤消耗量为 m、单位原煤生产过程的直接电力消耗量为 n，则可将电力的全生命周期过程定量分解为如表 4-4 所示的不同生产层。

表 4-4　电力生产的不同生产层

消耗	直接生产层	二次生产层	三次生产层	…	$2N-1$ 次生产层	$2N$ 次生产层
原煤	m	0	m^2n	…	m^Nn^{N-1}	0
电力	0	mn	0	…	0	m^Nn^N

在表 4-4 中，直接生产层对应发电过程的直接资源消耗(原煤)，二次生产层为直接生产层所消耗产品(原煤)的生产过程的直接消耗(电力)，以此类推，电力生产的全生命周期原煤消耗量可被准确表达为如式(4-7)所示的级数形式。

$$C = \sum_{N=1}^{\infty} m^N n^{N-1} = \lim_{N \to \infty} \frac{m\left[1-(mn)^N\right]}{1-mn} = \frac{m}{1-mn} \tag{4-7}$$

对于真实的电力生产过程，式(4-7)所示的极限必收敛，即 $0<m\times n<1$。这是因为 $m\times n$ 的数值表示单位电力生产所间接消耗的电力，$m\times n$ 大于 1 意味着单位电力生产所间接消耗的电力大于一个单位，这显然不符合工业生产的基本逻辑。

采用级数算法可对任意由两个产品所构成的物流环进行建模求解，然而，如前文所述，整个能源生产系统中存在大量两产品物流环以及若干多产品物流环，将式(4-2)所示的级数算法应用于求解不同能源产品的生命周期清单势必会引起建模逻辑混乱以及计算效率低等问题。

综上所述，不同能源产品之间的复杂生产关系在整个能源生产系统中形成了大量的物流环，使得传统清单计算模型(由"上游"向"下游"的单向建模)难以精准地对能源产品的全生命周期过程进行建模。由于生命周期清单是计算产品累积㶲需求因子的数据基础，直接影响着最终计算结果的准确性，因此建立能够反映复杂生产关系且适用于能源生产系统的清单计算模型，对正确认识能源产品的生命周期从而获得客观准确的资源耗竭表征因子起着至关重要的作用。本章以下小节将对此问题进行详细阐述。

4.3 材料供能系统中物流环的矩阵化建模

本节首先回顾总结现存的各类生命周期清单计算方法，对比讨论不同计算方法的优缺点及适用性，最终，以现存计算方法为基础，结合我国能源生产系统的实际情况,尝试性地建立适用于我国能源产品的生命周期资源消耗清单计算模型。

4.3.1 产品生命周期清单计算方法回顾

生命周期清单是实践生命周期评价、资源足迹评价(累积㶲)以及其他基于生命周期理念的评价表征方法的数据基础，其计算模型长期以来都是国际生命周期评价领域的研究热点。

目前，发展较为成熟的产品生命周期清单计算模型包括三大类，分别为基于流程分析的清单计算模型(process-based model)、基于投入产出分析的清单计算模型(input-output based model)以及结合流程分析与投入产出分析的混合清单计算模型(hybrid model)，其中第一类计算模型的应用范围最为广泛，后两类计算模型的应用范围则受限于某些基础数据的可获得情况。以下为三大类计算模型的详细介绍。

4.3.1.1 基于流程分析的清单计算模型

采用生产过程的流程图(process flow diagram)计算产品生命周期清单的相关研究最早出现于20世纪90年代初期，目前，流程法已成为国际上应用最为广泛的清单计算模型。

针对某一具体功能单位，产品流程图定量描述了生产系统内部各流程之间的衔接关系，在此基础上，对各生产流程的直接、间接资源消耗量与污染物排放量进行加和，即可获得产品生命周期清单。图4-4展示了某一简化生产系统的流程图及相应的产品碳足迹计算过程。

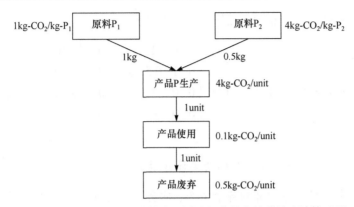

图 4-4　某一简化生产系统的流程图及相应的产品碳足迹计算过程

如图 4-4 所示，所选功能单位的生命周期碳排放量应为

$$E_{CO_2} = \left(\frac{1\text{kg-CO}_2}{\text{kg-P}_1} \cdot 1\text{kg-P}_1\right) + \left(\frac{4\text{kg-CO}_2}{\text{kg-P}_2} \cdot 0.5\text{kg-P}_2\right) + \left(\frac{4\text{kg-CO}_2}{\text{unit}} \cdot 1\text{unit}\right)$$
$$+ \left(\frac{0.1\text{kg-CO}_2}{\text{unit}} \cdot 1\text{unit}\right) + \left(\frac{0.5\text{kg-CO}_2}{\text{unit}} \cdot 1\text{unit}\right) = 7.6\text{kg-CO}_2$$

除上述最基本的图示表达形式外，基于流程分析的清单计算模型还可被表达为矩阵运算的形式。Heijungs 最早以矩阵形式定量描述生产系统中各流程之间的衔接关系，并用于产品生命周期清单的计算。定义 $n \times n$ 矩阵 $\tilde{A}$ 为生产系统的技术矩阵，矩阵的阶数 n 代表生产系统所包括的流程数，矩阵元素 a_{ij}(第 i 行 j 列)表示流程 j 中产品 i 的消耗量或产出量(数值为正表示产出，数值为负表示消耗)；$q \times n$ 矩阵 $\tilde{B}$ 为生产系统的环境负荷矩阵，矩阵的阶数 q 代表系统所消耗资源、排放污染物的种类数，矩阵元素 b_{ij} 表示单位生产过程 j 所产生环境负荷项 i(资源消耗或污染物排放)的量。在此基础上，可通过式(4-8)计算获得单位产品生产的环境负荷清单。

$$M = \tilde{B}\tilde{A}^{-1}\tilde{k} \tag{4-8}$$

式中，向量 $\tilde{k}$ 表示研究所选取的功能单位；矩阵 M 为与功能单位相对应的环境清单。

将上述建模过程应用于图 4-4 所示的生产系统，则系统中各个流程、中间产品之间的生产关系可用矩阵表达为

$$\tilde{A} = \begin{bmatrix} 1 & 0 & -1 & 0 & 0 \\ 0 & 1 & -0.5 & 0 & 0 \\ 0 & 0 & 1 & -1 & 0 \\ 0 & 0 & 0 & 1 & 0 \\ 0 & 0 & 0 & 1 & -1 \end{bmatrix}, \quad \tilde{B} = \begin{bmatrix} 1 & 4 & 4 & 0.1 & 0.5 \end{bmatrix}, \quad \tilde{k} = \begin{bmatrix} 0 \\ 0 \\ 0 \\ 1 \\ 0 \end{bmatrix}$$

由式(4-8)可知，产品的生命周期碳排放量为

$$M=\tilde{B}\tilde{A}^{-1}\tilde{k}=\begin{bmatrix}1 & 4 & 4 & 0.1 & 0.5\end{bmatrix}\times\begin{bmatrix}1 & 0 & 1 & 1 & 0\\0 & 1 & 0.5 & 0.5 & 0\\0 & 0 & 1 & 1 & 0\\0 & 0 & 0 & 0 & 0\\0 & 0 & 0 & 0 & -1\end{bmatrix}^{-1}\times\begin{bmatrix}0\\0\\0\\1\\0\end{bmatrix}=7.6\text{kg-CO}_2$$

4.3.1.2　基于投入产出分析的清单计算模型

理论上讲，经济体内部的各个生产、服务部门之间均有直接或间接的相互关联，任何产品的全生命周期过程都涉及各个经济环节。然而，在实际应用中，由于难以收集到所有经济部门的生产、排放数据，因此基于流程分析的清单计算模型通常仅能分析产品生命周期过程的一部分，难以获得完整的生命周期清单。

为解决这一问题，Moriguichi 等最早将投入产出方法应用于产品生命周期清单的计算，以日本的经济部门投入产出表为基础，分析了汽车产品的全生命周期环境影响；Lave 等编制了更为全面的环境数据用以支撑这一计算方法的实践，并对美国的经济部门投入产出数据进行了详细分析。

定义 $m\times m$ 矩阵 A 为经济系统的投入产出矩阵，矩阵的阶数 m 代表经济生产、服务部门的数量，矩阵中的第 i 列数据表示经济部门 i 的单位产出所需各个经济部门的投入强度；$m\times 1$ 矩阵 k 代表某产品生产所需各个经济部门的投入强度，对应于产品生产过程的直接输入；$q\times m$ 矩阵 B 为环境负荷矩阵，其中，矩阵的第 i 列表示经济部门 i 的单位产出所消耗的资源量及所产生的污染物排放量；在此基础上，产品的生命周期清单可由式(4-9)计算得到。这一建模计算过程涵盖了国家投入产出表所涉及的所有经济部门。

$$M=B(I-A)^{-1}k \tag{4-9}$$

4.3.1.3　混合清单计算模型

基于投入产出分析的清单计算模型可完全覆盖产品的生命周期过程，然而该方法所依赖的经济部门投入产出数据的统计口径较为宏观，且更新速度较慢(通常为五年一次)。基于流程分析的清单计算模型通过编制生产系统中各个流程之间的输入输出关系，可准确、直观地反映出生产系统的环境负荷热点，但其所采用的基础数据编制方法难以对各个经济部门进行综合建模分析。

混合清单计算模型的建模思想是将基于投入产出分析的清单计算模型与基于流程分析的清单计算模型相结合，以前者(基于投入产出)分析产品的上游阶段，以后者(基于流程)分析产品的生产阶段。依据模型结合方式的不同，混合清单计

算模型可被进一步分类为"层次混合清单计算模型"(tiered hybrid analysis)、"基于投入产出分析的混合清单计算模型"(input-output based hybrid analysis)以及"综合混合清单计算模型"(integrated hybrid analysis)。

1) 层次混合清单计算模型

层次混合清单计算模型分别采用投入产出分析与流程分析处理产品的生命周期上游阶段与生产、使用、废弃等其他阶段。Moriguchi 最早提出了这一清单计算思想；Marheineke 将层次混合清单计算模型应用于交通运输领域的生命周期评价研究；Suh 建立了可用以支持层次清单计算模型应用的基础数据处理工具，即"截断清单评估工具"(missing inventory estimation tool, MIET)，该工具所编制的基础数据源于美国的经济部门投入产出表以及环境统计信息；Facanha 将层次混合清单计算模型应用于美国交通运输服务的生命周期清单计算。

层次混合清单计算模型对流程分析与投入产出分析的组合模式如公式(4-10)所示，将基于投入产出方法计算得到的上游阶段清单与基于流程方法计算得到的使用、废弃阶段清单进行加和，便可获得完整的产品全生命周期清单。

$$M_{\mathrm{TH}} = \tilde{B}\tilde{A}^{-1}\tilde{k} + B(I-A)^{-1}k \tag{4-10}$$

2) 基于投入产出分析的混合清单计算模型

这一模型的核心思想是对投入产出表中的各个经济部门进行"分解细化"，丰富投入产出矩阵中的产品信息，在此基础上，采用层次混合清单计算模型对产品的全生命周期过程进行建模分析。

对各个经济部门的解构是此计算模型的特点与重点，其具体内涵是对投入产出表中包含多个产品的单一经济部门进行细化，从而在投入产出矩阵中产生多个只包含单一产品的矩阵列。

图 4-5 为将某一经济部门(单一数据列)分解细化为该经济部门所包含的两种具体产品(两列数据)的示意，即将经济部门 b 的数据列细化为两列数据(b_1 与 b_2)；图中，$n \times n$ 矩阵 A 为原始投入产出矩阵，$(n+1) \times (n+1)$ 矩阵 A' 为经细化的投入产出矩阵。具体清单计算方法如式(4-11)所示。

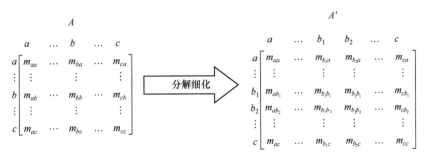

图 4-5　投入产出矩阵的细化分裂

$$M_{\text{IOH}} = \tilde{B}\tilde{A}^{-1}\tilde{k} + B(I - A')^{-1}k \tag{4-11}$$

3) 综合混合清单计算模型

一般而言，从生产流程直接收集到的基础数据比由投入产出表获得的基础数据更为可信、精确，因此，为保证最终生命周期清单计算结果的真实性，在实践中应最大限度地利用基于流程分析的基础数据。

Suh 等将投入产出分析与基于矩阵表示的流程分析相结合，提出了综合混合清单计算模型。该模型对生产系统采用流程分析方法建模，对与生产系统相关的上游过程(购买)和下游过程(销售)则采用投入产出分析方法建模。

虽然层次混合清单计算模型的建模思想与此相类似，但其计算过程仅对流程结果与投入产出结果进行机械加和，缺乏两种基础计算模型的深度融合。相比而言，综合混合清单计算模型更多地体现了投入产出方法与流程方法之间的优势互补。该计算模型以矩阵表示为建模基础，将流程分析得到的相关数据与经济部门投入产出表中的基础数据相互结合，依据矩阵计算法则获得产品的全生命周期清单。

综合混合模型的核心思想是将针对流程分析的技术矩阵与针对经济系统分析的投入产出矩阵"合二为一"，建立既包括流程生产信息又能反映生命周期上游阶段的综合矩阵，通过矩阵运算逻辑量化二者(生产流程与上游阶段)之间的相互依赖关系，如公式(4-12)所示

$$M_{\text{IH}} = B_{\text{IH}}A^{-1}k_{\text{IH}} = \begin{bmatrix} \tilde{B} & B \end{bmatrix} \times \begin{bmatrix} \tilde{A} & Y \\ X & I-A \end{bmatrix}^{-1} \times \begin{bmatrix} \tilde{k} \\ 0 \end{bmatrix} \tag{4-12}$$

式中，矩阵 X 表示各个经济部门对所研究生产系统的投入情况(生产系统的购买行为，即从各个经济部门所获取的产品、服务量)；矩阵 Y 表示各个经济部门从生产系统获取的情况(生产系统的销售行为，即向各个经济部门的产品、服务输出量)；构建矩阵 X 与矩阵 Y 所需的基础数据均可由调研生产企业的购买、销售记录获得。目前，综合混合清单计算模型已被应用于某些具体工业产品的生命周期清单分析。

4.3.2　不同清单计算模型的综合对比

从数学表达的角度出发，以上所回顾的多样、差异化产品生命周期清单计算模型可被统一表达为如公式(4-13)所示的数学形式，式中各符号的具体意义均已在前文中给出。

$$M = \begin{bmatrix} \tilde{B} & B \end{bmatrix} \times \begin{bmatrix} \tilde{A} & Y \\ X & I-A \end{bmatrix}^{-1} \times \begin{bmatrix} \tilde{k} \\ k \end{bmatrix} \tag{4-13}$$

不同清单计算模型均可被理解为是公式(4-13)的简化特例,反映了其部分计算过程,其中:

➤ 流程清单计算模型对应于 X、Y、k 取 0;

➤ 基于投入产出分析的清单计算模型对应于 X、Y、$\tilde{k}$ 取 0;

➤ 层次混合清单计算模型对应于 X、Y 取 0;

➤ 基于投入产出分析的混合清单计算模型对应于 X、Y 取 0,并以细化后的投入产出矩阵 A' 取代原始矩阵 A;

➤ 综合混合清单计算模型对应于 k 取 0。

总体而言,由于投入产出表能够在一定程度上反映出国家各个经济工业部门之间的相互关联,因此基于投入产出分析的清单计算模型在生命周期追溯、覆盖程度方面优于纯粹基于流程分析的清单计算模型。然而,受到基础数据的可获得性与统计模式的影响,将投入产出分析应用于生命周期清单计算会造成以下两点问题:

(1) 投入产出表中的国民经济部门划分较为粗糙,从中难以获得具体工业产品的相关数据,而流程分析所统计编制的清单数据均表示产品具体生产过程所消耗或产出的实物量,这意味着在公式(4-13)中,生产系统技术矩阵 $\tilde{A}$ 的统计口径与经济部门投入产出矩阵 A 的统计口径之间存在较大差别。

(2) 将投入产出分析应用于生命周期清单计算的另一点问题在于环境矩阵 B 的构建。由 $q×n$ 矩阵 B 的定义可知,环境矩阵中的数据代表不同经济部门单位产出所造成的资源消耗、污染物排放情况,而目前可持续稳定获得的相关统计数据无法支撑这一环境矩阵的完整构建。

4.3.3　能源产品生命周期清单计算模型的建立

4.3.3.1　投入产出分析中的数学模型

依据在生命周期清单计算中所起作用的不同,可将投入产出分析方法分解为两个组成元素:①将产品生命周期的建模边界扩展至各个经济部门的投入产出表;②处理不同经济部门之间复杂数量关系的矩阵运算数学模型。

前文提到的将投入产出分析应用于生命周期清单计算所造成的两点问题均由投入产出表所引起,而投入产出分析中方法学组成元素的应用,即处理不同经济部门之间复杂数量关系的矩阵模型的应用(如公式(4-9)~公式(4-13)所示),则不存在负面作用。尽管在投入产出分析中,矩阵模型被应用于表示不同经济部门之间的复杂相互依存关系,但其应用范围并非仅限于此,而是适用于所有存在循环关系的产品系统。

由前文中对能源产品生命周期清单计算的分析可知,不同能源产品生产系统之间的物质流循环关系导致了清单建模过程的逻辑问题。事实上，国家宏观投入产出表中不同经济部门之间的依存关系与不同能源产品生产系统之间的依存关系在数学形式上是一致的。如图 4-6 与图 4-7 所示，图 4-2 与图 4-3 所示能源系统物质流关系的循环模式同样也存在于不同经济部门之间，而投入产出分析中矩阵运算模型的应用正是对此类物流环的建模与求解，这一基本数学模型也可用于处理不同能源产品生产之间的物质流循环关系。

图 4-6　教育业、邮政业的相互关系　　图 4-7　教育业、邮政业、建筑业的相互关系

4.3.3.2　模型适用条件的分析

虽然投入产出表对经济部门种类的划分较为粗糙，但其覆盖面是广泛的，包括了国民经济中的各个生产、服务环节。对于某一经济部门 i 而言，投入产出表中的相关数据可完整地显示出部门 i 对其他经济部门的依赖程度；不存在这样一个经济部门 j，一方面，部门 i 的生产需要部门 j 的直接投入(i 向 j 采购)，另一方面，部门 j 没有被包含在投入产出表中，换言之，投入产出表具备封闭性(进出口现象属于生产地域而非生产部门问题)。

使用集合语言可将上述内容表达为如下数学关系：假设某物质流系统由 N 个产品生产单元 p_1, p_2, …, p_N 组成，令集合 PS(N)表示该物质流系统、DRS(i)表示由投入到产品 i 生产过程的各类产品所构成的集合，即直接需求集合(这一集合的具体组成元素由产品 i 的实际生产情况决定，并不仅限于物质流系统所包含的 N 个产品单元)，则该物质流系统的封闭性条件等价于式(4-14)所示的集合关系

$$\text{DRS}(p_i) \subseteq \text{PS}(N), \quad i = 1, 2, \cdots, N \tag{4-14}$$

由此可知，产品集合满足封闭性关系(4-14)是应用矩阵运算模型解决存在于其中的物质流循环问题的先决条件。

针对如表 4-3 和图 4-1 所示的能源生产系统，通过收集整理《中国能源年鉴》、《中国交通年鉴》等统计资料中的相关信息，可获得材料供能系统的产品集合与直接需求集合如下：

PS(En)=(RC, CC, MC, CK, COG, NG, CO, FO, LPG, RG, GA, KE, DI, EL)

DRS(RC)=(RC, CC, MC, CK, COG, NG, FO, LPG, GA, KE, DI, EL)

DRS(CC)=(RC, CC, MC, CK, COG, NG, FO, LPG, GA, KE, DI, EL)

DRS(MC)=(RC, CC, MC, CK, COG, NG, FO, LPG, GA, KE, DI, EL)

DRS(CK)=(RC, CC, MC, COG, DI, EL)

DRS(COG)=(RC, CC, MC, COG, DI, EL)

DRS(CO)=(RC, CC, CK, NG, CO, FO, LPG, RG, GA, KE, DI, EL)

DRS(NG)=(RC, CC, CK, NG, CO, FO, LPG, RG, GA, KE, DI, EL)

DRS(GA)=(CO, FO, DI, EL)

DRS(KE)=(CO, FO, DI, EL)

DRS(DI)=(CO, FO, DI, EL)

DRS(FO)=(CO, FO, DI, EL)

DRS(LPG)=(CO, FO, DI, EL)

DRS(RG)=(CO, FO, DI, EL)

DRS(EL)=(RC, CC, MC, COG, NG, CO, FO, RG, GA, DI, EL)

　　分析以上各个集合的组成元素可知，不同能源产品生产的直接需求集合均为总产品集合的真子集，因此，本章所研究的能源生产系统满足封闭条件公式(4-14)。

　　应当指出，具备数学意义上严格封闭的产品集合是不存在的，在实践中，只有忽略产品生产单元之间的某些次要关联，方可讨论产品集合的封闭性。例如，在能源生产系统中，为供应能源产品而制造建设的生产装备、运输车辆、道路等基础设施，并没有被纳入能源生产的直接需求集合之中，在此近似下，能源产品集合才具备封闭性。

4.3.3.3　基于矩阵运算的能源产品清单计算模型

　　将投入产出分析中的矩阵运算模型应用于能源生产系统的第一步是建立 $n \times n$ 直接需求矩阵 E，其元素 e_{ij} 表示生产单位产品 j 所直接消耗产品 i 的量：

$$E = \begin{bmatrix} e_{11} & e_{12} & \cdots & e_{1n} \\ e_{21} & e_{22} & \cdots & e_{2n} \\ \vdots & \vdots & & \vdots \\ e_{n1} & e_{n2} & \cdots & e_{nn} \end{bmatrix}$$

为计算获得单位能源产品的生命周期清单，设定生产系统的产出向量如下：

$$k_1 = \begin{bmatrix} 1 \\ 0 \\ \vdots \\ 0 \end{bmatrix}, \quad k_2 = \begin{bmatrix} 0 \\ 1 \\ 0 \\ \vdots \end{bmatrix}, \quad \cdots, \quad k_n = \begin{bmatrix} 0 \\ 0 \\ \vdots \\ 1 \end{bmatrix}$$

由于直接需求矩阵 E 中包括初级能源消耗项(原煤、原油、天然气)，因此计算累积㶲需求因子所需的基础数据(即化石能源消耗量)均可从各个能源产品的生命周期资源消耗清单中直接获得，而无须额外构建环境矩阵 B。设定直接需求矩阵数据结构中的前三项产品单元分别为原煤、原油、天然气，则单位能源产品 i 的生命周期化石能源消耗量可被表示为

$$LC_i = Q(I-E)^{-1}k_i$$
$$Q = \begin{bmatrix} 1 & 0 & 0 & 0 & \cdots & 0 \\ 0 & 1 & 0 & 0 & \cdots & 0 \\ 0 & 0 & 1 & 0 & \cdots & 0 \end{bmatrix} \tag{4-15}$$

式中，矩阵 Q 为主元素(q_{11}, q_{22}, q_{33})均为 1 的 $3 \times n$ 矩阵。$(I-E)^{-1}k_i$ 为 $n \times 1$ 阶向量，其中元素 j 的数值表示单位 i 产品生命周期过程所消耗产品 j 的量，该向量与矩阵 Q 相乘的操作步骤从向量中提取出了与原煤、原油、天然气相关的计算结果。作为最终计算结果的3×1阶向量 LC_i 中的三个元素分别为能源产品 i 的生命周期原煤、原油、天然气消耗量。

4.3.3.4　所建模型对能源产品清单计算问题的解决

采用矩阵模型对能源生产系统进行建模分析，可合理解决前文中指出的能源产品生命周期清单计算的两点问题，即清单计算顺序与无限生产层的问题。

1) 无限生产层问题的解决

对公式(4-15)中矩阵$(I-E)$的逆矩阵进行幂级数逼近，得到公式(4-15)的级数表达形式如下：

$$LC_i = Q(I-E)^{-1}k_i = Q(I+E+E^2+\cdots+E^\infty)k_i = Q\sum_{N=0}^{\infty}E^N k_i \tag{4-16}$$

这一表达形式转换具有两方面意义：一方面，转换后的公式提高了求解逆矩阵的计算效率(尤其是对高阶矩阵)。另一方面，幂级数表达形式中的每一项均对应着某一生产层的资源消耗信息，如表 4-5 所示，在直接生产层，系统投入为 k_i；为获得 k_i，系统在一次生产层的投入为 Ek_i；为获得 Ek_i，系统在二次生产层的投入为 E^2k_i，以此类推。

表 4-5　与 k_i 相应的不同生产层次

生产层次	直接生产层	一次生产层	二次生产层	⋯	N 次生产层
系统投入	k_i	Ek_i	E^2k_i	⋯	$E^N k_i$

尽管前文中的公式(4-7)也采取了类似的方法处理物流环，但其无法对存有大

量物流环的复杂生产系统进行高效建模计算。在公式(4-16)中，能源生产系统中的全部物流环均反映于矩阵 E 的幂级数之中，因此，基于矩阵运算的生命周期清单计算模型可有效解决存在大量物流环所导致的无限生产层次问题。

最后，还需对公式(4-16)的适用条件进行说明。公式(4-16)的成立等价于

$$
\begin{aligned}
&(I-E)^{-1}=\lim_{N\to\infty}\left(I+E+E^2+\cdots+E^N\right)\\
&(I-E)\lim_{N\to\infty}\left(I+E+E^2+\cdots+E^N\right)=I\\
&\lim_{N\to\infty}(I-E)\left(I+E+E^2+\cdots+E^N\right)=I\\
&\lim_{N\to\infty}\left(I+E+\cdots+E^N-E-E^2-\cdots-E^{N+1}\right)=I\\
&\lim_{N\to\infty}\left(I-E^{1+N}\right)=I\\
&\lim_{N\to\infty}E^{N+1}=\lim_{N\to\infty}E^N=0
\end{aligned}
\tag{4-17}
$$

公式(4-17)成立的条件是矩阵 E 的谱半径小于1：

$$
\rho(E)=\left\{\max\left(|\lambda_E|\right)\right\}<1 \tag{4-18}
$$

式中，λ_E 代表矩阵 E 的全部特征值。下文中将指出，能源产品生产系统满足条件(4-18)。

2) 清单计算顺序问题的解决

公式(4-16)为单一能源产品生命周期资源消耗量的表达式，在此基础上，可对不同能源产品的清单计算过程进行如下整合：

$$
\begin{aligned}
\mathrm{LC}&=\begin{bmatrix}\mathrm{LC}_1 & \mathrm{LC}_2 & \cdots & \mathrm{LC}_n\end{bmatrix}\\
&=\begin{bmatrix}Q\sum_{N=0}^{\infty}E^N k_1 & Q\sum_{N=0}^{\infty}E^N k_2 & \cdots & Q\sum_{N=0}^{\infty}E^N k_n\end{bmatrix}\\
&=Q\sum_{N=0}^{\infty}E^N\begin{bmatrix}k_1 & k_2 & \cdots & k_n\end{bmatrix}\\
&=Q\sum_{N=0}^{\infty}E^N I\\
&=Q\sum_{N=0}^{\infty}E^N
\end{aligned}
\tag{4-19}
$$

式中，$3\times n$ 矩阵 LC 的第 i 列数据表示能源产品 i 的生命周期化石能源消耗量。

由式(4-19)可知，所有能源产品的生命周期清单均可通过计算步骤 $Q\sum_{N=0}^{\infty}E^N$ 同步获得，从而使清单计算顺序的逻辑问题得到解决。

4.4　我国能源产品累积㶲需求因子的计算

4.4.1　能源生产系统直接需求矩阵的建立

建立能源生产系统直接需求矩阵 E 是计算不同能源产品累积㶲需求因子的首要步骤。供能系统的直接输入包括能源生产过程的直接输入和能源运输过程的直接输入两部分，相应地，直接需求矩阵中的各列数据反映了生产、运输单位能源产品所直接消耗的资源量。

4.4.1.1　能源生产过程数据编制

由于大多数能源生产过程属于多输出系统，例如，石油精炼过程所输出的能源包括汽油、柴油、煤油等多种精炼产品，因此需要对生产过程的直接资源输入在不同产品之间进行分配。依据 ISO 14044—2006 的清单分配原则，在实际研究中，首先应通过细化生产单元过程或扩大系统边界范围来避免清单分配，国外已有学者将这一原则应用于典型多输出能源生产过程的清单编制。尽管"避免分配原则"有助于减小清单编制过程的不确定性，然而实践这一原则需要大量详细描述生产过程的细节数据的支持，目前，可公开获取的国家统计资料中仍然缺乏对此类数据的收集。本章采用基于产品属性的分配方法处理多输出能源生产过程的清单分配问题。常用的可作为清单分配基准的产品属性主要有：产品质量、产品含能以及产品经济价值，考虑到本章的计算分析对象均为能源产品，因此，本章选取产品含能大小作为清单分配的基准。虽然选取不同分配基准所得清单不尽相同，但有研究表明分配基准的选取并不会对能源生产系统清单编制结果产生显著影响。

表 4-6～表 4-10 分别为煤炭采选、炼焦、油气开采、石油精炼以及电力生产过程的直接资源消耗量，表中数据主要来源于《中国能源统计年鉴 2009》与《中国电力年鉴 2010》。

表 4-6　单位煤炭产品生产的直接资源消耗

消耗	单位	原煤	洗煤	中煤
原煤	kg/kg	2.27×10^{-2}	1.36	4.17×10^{-1}
洗煤	kg/kg	5.70×10^{-4}	7.16×10^{-4}	2.38×10^{-4}
中煤	kg/kg	1.01×10^{-3}	1.28×10^{-3}	3.93×10^{-4}
焦炭	kg/kg	1.04×10^{-4}	1.32×10^{-4}	4.06×10^{-5}
焦炉煤气	m³/kg	1.83×10^{-2}	2.32×10^{-2}	7.11×10^{-3}
汽油	kg/kg	6.69×10^{-5}	8.46×10^{-5}	2.60×10^{-5}

续表

消耗	单位	原煤	洗煤	中煤
煤油	kg/kg	8.63×10^{-6}	1.09×10^{-5}	3.36×10^{-6}
柴油	kg/kg	2.71×10^{-4}	3.43×10^{-4}	1.05×10^{-4}
燃料油	kg/kg	1.93×10^{-5}	2.44×10^{-5}	7.52×10^{-6}
液化石油气	kg/kg	7.50×10^{-7}	9.48×10^{-7}	2.91×10^{-7}
天然气	m³/kg	5.94×10^{-5}	7.51×10^{-5}	2.31×10^{-5}
电力	kW·h/kg	1.92×10^{-2}	2.42×10^{-2}	7.46×10^{-3}

注：第二列单位，如第一行"kg/kg"代表每 kg(原煤、洗煤、中煤)所消耗原煤质量(kg)，下同。

表 4-7　单位炼焦产品生产的直接资源消耗

消耗	单位	焦炭	焦炉煤气
原煤	kg/kg-焦炭, kg/m³-焦炉煤气	1.52×10^{-1}	8.95×10^{-2}
洗煤	kg/ kg-焦炭, kg/m³-焦炉煤气	9.69×10^{-1}	5.70×10^{-1}
中煤	kg/ kg-焦炭, kg/m³-焦炉煤气	2.51×10^{-3}	1.48×10^{-3}
电力	kW·h/ kg-焦炭, kW·h/m³-焦炉煤气	3.09×10^{-2}	1.82×10^{-2}
焦炉煤气	m³/ kg-焦炭, m³/m³-焦炉煤气	5.60×10^{-2}	3.30×10^{-2}

表 4-8　油气开采过程的直接资源消耗

消耗	单位	原油	天然气
原煤	kg/kg-原油, kg/m³-天然气	5.40×10^{-3}	5.02×10^{-3}
洗煤	kg/kg-原油, kg/m³-天然气	2.27×10^{-6}	2.11×10^{-6}
焦炭	kg/kg-原油, kg/m³-天然气	3.78×10^{-7}	3.51×10^{-7}
原油	kg/kg-原油, kg/m³-天然气	2.63×10^{-2}	2.44×10^{-2}
汽油	kg/kg-原油, kg/m³-天然气	1.05×10^{-3}	9.76×10^{-4}
煤油	kg/kg-原油, kg/m³-天然气	4.91×10^{-6}	4.57×10^{-6}
柴油	kg/kg-原油, kg/m³-天然气	1.03×10^{-2}	9.55×10^{-3}
燃料油	kg/kg-原油, kg/m³-天然气	1.46×10^{-3}	1.36×10^{-3}
液化石油气	kg/kg-原油, kg/m³-天然气	5.33×10^{-5}	4.95×10^{-5}
炼厂干气	kg/kg-原油, kg/m³-天然气	1.38×10^{-3}	1.29×10^{-3}
天然气	m³/ kg-原油, m³/m³-天然气	3.27×10^{-2}	3.04×10^{-2}
电力	kW·h/ kg-原油, kW·h/m³-天然气	1.20×10^{-1}	1.12×10^{-1}

表 4-9　单位石油精炼产品生产的直接资源消耗

消耗	单位	汽油	煤油	柴油	燃料油	液化石油气	炼厂干气
原油	kg/kg	1.32	1.32	1.31	1.28	1.54	1.41
燃料油	kg/kg	1.19×10^{-2}	1.19×10^{-2}	1.18×10^{-2}	1.16×10^{-2}	1.39×10^{-2}	1.28×10^{-2}
电力	kW·h/kg	8.26×10^{-2}	8.26×10^{-2}	8.19×10^{-2}	8.03×10^{-2}	9.64×10^{-2}	8.83×10^{-2}

表 4-10　单位电力生产的直接资源消耗

消耗	单位	电力
原煤	kg/(kW·h)	4.39×10^{-1}
洗煤	kg/(kW·h)	8.62×10^{-5}
中煤	kg/(kW·h)	9.28×10^{-3}
焦炉煤气	m³/(kW·h)	2.94×10^{-3}
原油	kg/(kW·h)	2.93×10^{-5}
汽油	kg/(kW·h)	3.96×10^{-7}
柴油	kg/(kW·h)	6.11×10^{-4}
燃料油	kg/(kW·h)	1.15×10^{-3}
炼厂干气	kg/(kW·h)	1.18×10^{-4}
天然气	m³/(kW·h)	2.71×10^{-3}

4.4.1.2　能源运输过程数据编制

能源产品的运输数据包括以下三个方面：①产品运输阶段所采用不同运输方式的比例；②不同运输方式的能源产品运输距离；③不同运输方式的能源消耗强度。

表 4-11 列出了各个能源产品在运输阶段所采用不同运输方式(铁路、公路、水路、管道)的比例及运输距离，数据主要来源于《中国交通年鉴 2009》。选取全国货物运输的平均距离作为原油与炼油产品不同运输方式的运输距离。气态能源产品的运输只考虑管道运输方式，相应运输距离选取为全国货物管道运输的平均运输距离。

表 4-11　我国能源产品的运输情况

生产过程	产品	铁路		公路		水路		管道	
		比例	距离	比例	距离	比例	距离	比例	距离
煤炭采选	原煤 洗煤 中煤	35%	640km	53%	179km	12%	1255km	—	—

续表

生产过程	产品	铁路		公路		水路		管道	
		比例	距离	比例	距离	比例	距离	比例	距离
炼焦	焦炭	35%	640km	53%	179km	12%	1255km	—	—
	焦炉煤气	—	—	—	—	—	—	100%	428km
油气开采	天然气	—	—	—	—	—	—	100%	428km
	原油	10%	917km	4%	171km	4%	1707km	82%	428km
原油精炼	柴油 燃料油 煤油 汽油 液化石油气 炼厂干气	65%	760km	9%	171km	25%	1707km	1% 100%	428km 428km

表 4-12 列出了不同运输方式的能源消耗强度，数据主要来源于《中国交通年鉴 2009》。

表 4-12 各运输方式的能源消耗强度

消耗	单位	铁路	公路	水路	管道(油)	管道(气)
柴油	kg/(t·km)	1.10×10^{-3}	5.42×10^{-2}	1.20×10^{-2}	—	—
燃料油	kg/(t·km)	—	—	—	5.30×10^{-3}	—
天然气	m³/(t·km)	—	—	—	—	3.82×10^{-3}
电力	kW·h/(t·km)	6.19×10^{-3}	—	—	2.60×10^{-2}	2.99×10^{-2}

以上述各表所列数据为基础，整理编制我国能源生产系统的直接需求矩阵如表 4-13 所示。表 4-13 中的各列数据表示单位各类能源产品生产和运输过程的直接资源消耗量，例如，表中第一列数据为 1kg 原煤(其他列中气对应 1m³，电力对应 1kW·h)生产和运输过程的煤(kg)、油(kg)、气(m³)、电(kW·h)等资源的直接消耗量。计算得到能源生产系统直接需求矩阵的谱半径(最大特征值)为 0.3017，满足公式(4-17)、(4-18)所示的模型成立条件。

表 4-13 能源生产的直接需求表

消耗	原煤	洗煤	中煤	焦炭	焦炉煤气	天然气	原油
原煤	2.27×10^{-2}	1.36	4.17×10^{-1}	1.52×10^{-1}	8.95×10^{-2}	5.02×10^{-3}	5.40×10^{-3}
洗煤	5.70×10^{-4}	7.16×10^{-4}	2.38×10^{-4}	9.69×10^{-1}	5.70×10^{-1}	2.11×10^{-6}	2.27×10^{-6}
中煤	1.01×10^{-3}	1.28×10^{-3}	3.93×10^{-4}	2.51×10^{-3}	1.48×10^{-3}	0	0

消耗	原煤	洗煤	中煤	焦炭	焦炉煤气	天然气	原油
焦炭	1.04×10^{-4}	1.32×10^{-4}	4.06×10^{-5}	0	0	3.51×10^{-7}	3.78×10^{-7}
焦炉煤气	1.83×10^{-2}	2.32×10^{-2}	7.11×10^{-3}	5.60×10^{-2}	3.30×10^{-2}	0	0
天然气	5.88×10^{-5}	7.44×10^{-5}	2.28×10^{-5}	0	1.63×10^{-3}	3.20×10^{-2}	3.27×10^{-2}
原油	0	0	0	0	0	2.44×10^{-2}	2.63×10^{-2}
汽油	6.69×10^{-5}	8.46×10^{-5}	2.60×10^{-5}	0	0	9.76×10^{-4}	1.05×10^{-3}
煤油	8.63×10^{-6}	1.09×10^{-5}	3.36×10^{-6}	0	0	4.57×10^{-6}	4.91×10^{-6}
柴油	7.46×10^{-3}	7.53×10^{-3}	7.29×10^{-3}	7.19×10^{-3}		9.55×10^{-3}	1.16×10^{-2}
燃料油	1.93×10^{-5}	2.44×10^{-5}	7.52×10^{-6}	0	0	1.36×10^{-3}	3.32×10^{-3}
液化石油气	7.50×10^{-7}	9.48×10^{-7}	2.91×10^{-7}	0	0	4.95×10^{-5}	5.33×10^{-5}
炼厂干气	0	0	0	0	0	1.29×10^{-3}	1.38×10^{-3}
电力	2.20×10^{-2}	2.70×10^{-2}	8.85×10^{-3}	3.23×10^{-2}	3.10×10^{-2}	1.25×10^{-1}	1.30×10^{-1}

消耗	汽油	煤油	柴油	燃料油	液化石油气	炼厂气	电力
原煤	0	0	0	0	0	0	4.39×10^{-1}
洗煤	0	0	0	0	0	0	8.62×10^{-5}
中煤	0	0	0	0	0	0	9.28×10^{-3}
焦炭	0	0	0	0	0	0	0
焦炉煤气	0	0	0	0	0	0	2.94×10^{-3}
天然气	0	0	0	0	0	0	2.71×10^{-3}
原油	1.32	1.32	1.31	1.28	1.54	1.41	2.93×10^{-5}
汽油	0	0	0	0	0	0	3.96×10^{-7}
煤油	0	0	0	0	0	0	0
柴油	6.51×10^{-3}	6.51×10^{-3}	6.51×10^{-3}	6.51×10^{-3}	6.51×10^{-3}	6.51×10^{-3}	6.11×10^{-4}
燃料油	1.19×10^{-2}	1.19×10^{-2}	1.18×10^{-2}	1.16×10^{-2}	1.39×10^{-2}	1.28×10^{-2}	1.15×10^{-3}
液化石油气	0	0	0	0	0	0	0
炼厂干气	0	0	0	0	0	0	1.18×10^{-4}
电力	8.57×10^{-2}	8.57×10^{-2}	8.50×10^{-2}	8.34×10^{-2}	9.95×10^{-2}	9.14×10^{-2}	0

4.4.2　累积㶲需求的计算

　　将表 4-13 所示的能源生产系统直接需求矩阵代入公式(4-19)，计算得到不同能源产品的生命周期资源消耗清单如表 4-14 所示。

表 4-14　能源产品的生命周期资源消耗

	消耗			
	原煤/(kg/unit)	天然气/(m³/unit)	原油/(kg/unit)	电力/(kW·h/unit)
原煤	1.05	1.48×10^{-4}	7.01×10^{-4}	2.23×10^{-2}
洗煤	1.47	3.84×10^{-4}	1.82×10^{-3}	5.79×10^{-2}
中煤	4.50×10^{-1}	1.18×10^{-4}	5.58×10^{-4}	1.78×10^{-2}
焦炭	1.65	5.08×10^{-4}	2.18×10^{-3}	9.59×10^{-2}
焦炉煤气	9.72×10^{-1}	2.99×10^{-4}	1.28×10^{-3}	5.65×10^{-2}
天然气	6.32×10^{-2}	1.03	4.64×10^{-2}	1.32×10^{-1}
原油	6.78×10^{-2}	3.58×10^{-2}	1.05	1.41×10^{-1}
汽油	1.30×10^{-1}	4.81×10^{-2}	1.40	2.78×10^{-1}
煤油	1.30×10^{-1}	4.81×10^{-2}	1.40	2.78×10^{-1}
柴油	1.29×10^{-1}	4.77×10^{-2}	1.39	2.76×10^{-1}
燃料油	1.26×10^{-1}	4.66×10^{-2}	1.36	2.70×10^{-1}
液化石油气	1.51×10^{-1}	5.61×10^{-2}	1.64	3.25×10^{-1}
炼厂干气	1.39×10^{-1}	5.13×10^{-2}	1.50	2.97×10^{-1}
电力	4.70×10^{-1}	3.12×10^{-3}	7.64×10^{-3}	1.07

　　表 4-14 所列的资源消耗项中包括了各个产品的生命周期电力消耗,虽然发电过程的初级化石能源消耗量已被包括在表 4-14 所列清单的前三项(原煤、天然气、原油)之中,但是依据我国的电力结构,水力发电量占全国发电总量的份额较大(2009 年我国水力发电约占全国发电总量的 15.68%),其所消耗的非化石能源类自然资源亦应被纳入最终累积㶲需求因子的计算过程。水力发电过程所涉及的资源消耗包括基础设施建设与水流机械能。对于前者(基础设施建设),虽然本章计算过程忽略了大多数能源生产的基础设施建设,但就水力发电而言,其生命周期不可再生资源消耗仅由基础设施建设造成(运行过程并不消耗不可再生资源),忽略此项会造成计算结果与真实情况之间存在较为明显的偏差;选取我国典型水电站的实际建设情况为计算依据,估算了电站基础设施建设过程所造成的不可再生资源消耗量约为 0.002MJ/(kW·h)。对于后者(水流机械能),由于机械能可完全转化为功,结合㶲的物理定义可知,水力发电过程的输入能和输出能等同于过程的输入㶲和输出㶲,可通过能源转化效率直接获得发电过程所消耗水资源的机械㶲。

　　基于上述讨论,可得能源产品的累积㶲需求因子为

$$\text{CExD}_i = C_{\text{RC}}\text{Ex}_{\text{RC}} + C_{\text{NG}}\text{Ex}_{\text{NG}} + C_{\text{CO}}\text{Ex}_{\text{CO}} + \frac{\alpha C_{\text{EL}}}{\eta} + 0.002\alpha C_{\text{EL}} \qquad (4\text{-}20)$$

式中，C_{RC}、C_{NG}、C_{CO}、C_{EL}分别表示单位能源产品 i 全生命周期过程所消耗的原煤(kg)、原油(kg)、天然气(m^3)以及电力(kW·h)；α 为水力发电量占电网总发电量的百分比；η 为水力发电的能源转化效率。依据相关文献，可获得参数 α 的取值为0.157，参数 η 的取值为0.76。

表 4-15 列出了由式(4-20)计算得到的不同能源产品的累积㶲需求因子。

表 4-15　能源产品的累积㶲需求因子

能源产品	原煤	洗精煤	中煤	焦炭	焦炉煤气	天然气	原油
累积㶲需求因子	23.4MJ/kg	32.6MJ/kg	10.0MJ/kg	36.8MJ/kg	21.6MJ/m³	45.4MJ/m³	50.0MJ/kg

能源产品	汽油	煤油	柴油	燃料油	液化石油气	炼厂干气	电力
累积㶲需求因子	67.8MJ/kg	67.8MJ/kg	67.2MJ/kg	65.7MJ/kg	79.1MJ/kg	72.4MJ/kg	11.6MJ/(kW·h)

4.4.3　不同能源产品累积㶲需求因子的对比

为了更客观地认识使用各类能源产品所造成的资源消耗强度，本章对比了供应 1MJ 不同能源产品的累积㶲需求因子，结果如图 4-8 所示。

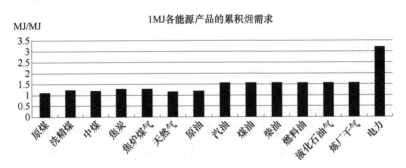

图 4-8　供应 1MJ 不同能源产品的累积㶲需求因子对比
为统一不同能源产品的累积㶲需求结果，将不同单位统一转化成了 MJ/MJ

由图 4-8 可知，对于供应 1MJ 不同能源产品，化石能源的累积㶲需求因子最低(原煤、原油、天然气的累积㶲需求因子分别为 1.12MJ/MJ、1.20MJ/MJ、1.17MJ/MJ)，其次为煤炭产品(1.23～1.29MJ/MJ)，再次为石油精炼产品(1.57～1.59MJ/MJ)，电力的累积㶲需求因子最高(3.21MJ/MJ)。

供应初级化石能源只涉及资源开采与产品运输，而二次能源的生命周期过程则由供应初级化石能源和加工转化初级化石能源共同组成，因此二次能源的累积㶲需求高于初级化石能源的累积㶲需求。

在二次能源中,电力生产的累积㶲需求最高,约为其他二次能源产品的两倍,因此我国的电网结构以燃煤火力发电为核心,与主要将化石能源投入用作生产原料的原油精炼过程、炼焦过程等二次能源生产过程不同,火力发电过程将化石能源投入(主要为原煤)用作燃料,而原煤燃烧所产生的大部分热量并不能转化为最终的电力输出。

4.4.4　不同生产层的㶲消耗分析

由表 4-4 可知,针对某一产品净产出 k,能源生产系统在直接生产层的产品输出应为 k;为了满足直接生产层的资源需求,生产系统在二次生产层的产品输出应为 Ek;为了满足二次生产层的资源需求,生产系统在三次生产层的产品输出应为 E^2k;……;以此类推,对各个生产层的资源㶲消耗进行求和即可获得能源产出 k 的全生命周期资源消耗量。

本章所建立的计算模型包括能源生产系统生命周期过程中的各个生产层次,解决了传统基于流程分析的计算模型难以对高阶生产层进行有效建模的问题。为了进一步显示将基于矩阵运算的清单模型应用于能源产品累积㶲需求计算的重要性,定量分析了能源产品各次生产层的资源㶲消耗在全生命周期累积㶲需求中的占比,结果如图 4-9 所示。

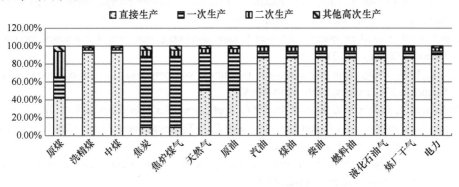

图 4-9　不同生产层的㶲消耗在累积㶲需求中的占比

由图可知,二次及其他高次生产层的资源㶲消耗在各类能源产品累积㶲需求结果中均占有不可忽视的比例,其中,原煤约为 33%,其他能源产品为 5%~10%。与基于流程分析的清单计算模型相比,基于矩阵运算的清单计算模型的实际应用能够显著提升能源生产系统资源耗竭特征化结果的准确性。

参 考 文 献

国家统计局能源统计司, 2010. 中国能源统计年鉴 2009. 北京: 中国统计出版社.
黄志甲, 2003. 建筑物能量系统生命周期评价模型与案例研究. 上海: 同济大学.

李春光, 2004. 我国成品油管道运输的现状及发展思路. 当代石油石化, 12(8): 16-18.

李宏, 2011. "十二五" 我国煤炭运输发展形势分析. 交通发展, 3: 13-18.

马一太, 邢英丽, 2003. 我国水力发电的现状和前景. 能源工程, 1(4): 1-4.

孙博学, 2013. 材料生命周期评价的㶲分析及其应用. 北京: 北京工业大学.

翁雪鹤, 2009. 我国焦炭单位产品综合能耗统计中存在的问题研究. 冶金经济与管理, 4: 22-26.

杨建新, 2002. 产品生命周期评价方法及应用. 北京: 气象出版社.

袁宝荣, 2006. 化学工业可持续发展的度量方法及其应用研究. 北京: 北京工业大学.

《中国电力年鉴》编辑委员会, 2010. 2010 中国电力年鉴. 北京: 中国电力出版社.

中国交通年鉴社, 2010. 中国交通年鉴 2009. 北京：中国交通年鉴社.

Consoli F, Aallen D, Boustead I, et al., 1993. Guidelines for Life-cycle Assessment: A Code of Practice. Washington, DC: SETAC.

Facanha C, Horvath A, 2006. Environmental assessment of freight transportation in the US. International Journal of Life Cycle Assessment, 11(4): 229-239.

Fava J, Dension R, Jones B, et al., 1991. A Technical Framework for Life-cycle Assessment. Washington, DC: SETAC.

Heijungs R, 1994. A generic method for the identification of options for cleaner products. Ecological Economics, 10(1): 69-81.

Heijungs R, Sun S, 2002. The Computational Structure of Life Cycle Assessment. International Journal of Life Cycle Assessment, 7(5): 314.

ISO, 2006. ISO 14044: Environmental management-life cycle assessment-requirements and guidelines. International Organization for Standardization.

Joshi S, 1999. Product environmental life-cycle assessment using input-output techniques. Journal of Industrial Ecology, 3(2-3): 95-120.

Lave L, 1995. Using input-output analysis to estimate economy wide discharges. Environmental Science and Technology, 29(9): 420A-426A.

Marheineke T, Friedrich R, Krewitt W, 1998. Application of a hybrid-approach to the life cycle inventory analysis of a freight transport task// SAE Technical Paper Series 982201, Total Life Cycle Conference and Exposition, Austria.

Moriguchi Y, Kondo Y, Shimizu H, 1993. Analyzing the life cycle impact of cars: the case of CO_2. Industry and Environment, 16(1-2): 42-45.

Peters-glen P, 2007. Efficient algorithms for life cycle assessment, input-output analysis, and Monte-Carlo analysis. International Journal of Life Cycle Assessment, 12(6): 373-380.

Restianti Y, Gheewala S, 2012. Life cycle assessment of gasoline in Indonesia. International Journal of Life Cycle Assessment, 17(4): 402-408.

Shieh J, Fan L, 1983. Energy and exergy estimation using the group contribution method// ACS Symposium Series, Washington, D. C.: American Chemical Society: 351-371.

Strømman A, 2001. LCA of hydrogen production from a steam methane reforming plant with CO_2 sequestration and deposition// The First Industrial Ecology Conference, Leiden, The Netherlands.

Suh S, Huppes G, 2000. Gearing input-output model to LCA-part 1: general framework for hybrid approach// CML-SSP Working Paper, CML, Leiden University, The Netherlands.

Suh S, Huppes G, 2001. Applications of input-output analysis for LCA-with a case study of linoleum// Annual SETAC-Europe Meeting, Spain.

Suh S, Huppes G, 2002. Missing inventory estimation tool using extended input-output analysis. International Journal of Life Cycle Assessment, 7(3): 134-140.

Szargut J, Styrylska T, 1964. Approximate evaluation of the exergy of fuels. Brennstoff-Wärme-Kraft, 16(12): 589-596.

Treloar G, 1997. Extracting embodied energy paths from input-output tables: towards an input-output-based hybrid energy analysis method. Economic Systems Research, 9(4): 375-391.

Vigon B, Tolle D, Cornaby B, et al., 1993. Life Cycle Assessment: Inventory Guidelines and Principles. EPA/600/R-92/245. Washinton, DC: USEPA.

Vogstad K, Strømman A, Hertwich E, 2001. Environmental impact assessment of multiple product system: using EIO and LCA in a LP framework// The First Industrial Ecology Conference, Leiden, The Netherlands.

Wang M, Lee H, Molburg J, 2004. Allocation of energy use in petroleum refineries to petroleum products. International Journal of Life Cycle Assessment, 9(1): 34-44.

第 5 章　土地资源的㶲表征

除矿产资源与化石能源外，材料生产亦会对自然环境中土地资源的存在状态产生影响。工业占地对自然土地资源的扰动造成了生态系统太阳能积累率的显著降低，从而影响着生态系统维持其自身非平衡自组织结构的能力。尽管土地使用环境影响评价模型是生命周期评价领域的前沿研究之一，但现有研究对于如何将土地资源与其他类型自然资源(矿物、能源等)表征为统一指标的探索尚不充分，从而难以保证生命周期资源消耗强度分析的全面性与客观性。本章论证了采用热力学指标㶲表征土地资源的合理性，在此基础上，建立了相应的量化模型，并深入讨论了关键假设条件对土地资源使用特征化因子计算结果的影响。

5.1　生命周期评价中土地资源问题的研究现状

5.1.1　土地资源相关表征指标

与温室效应、酸化效应、人体健康损害等环境影响类型相比，传统生命周期评价研究案例通常并不考虑土地使用(land use)的环境影响，只有针对农业生产系统的评价研究将土地使用视为一种不可或缺的环境影响类型。然而，这并不代表土地使用环境影响类型的理论重要性低于其他环境影响类型，土地使用环境影响评价模型是生命周期环境影响评价方法学研究领域的前沿课题之一，多个国际知名机构在相关研究报告中都强调了土地使用在生命周期环境影响评价方法学体系中的重要地位。目前，实践土地使用环境影响评价模型的主要困难在于已公开发表的相关研究提出了多元化表征指标，但却缺乏对不同类型表征指标的适用范围的科学界定。

表 5-1 列出了已公开发表、代表性较强的四大类土地使用环境影响表征指标，分别为生物多样性指标(B)、气候变化指标(C)、土壤质量指标(S)与资源指标(R)。其中，前三类表征指标(B、C、S)在一定程度上反映了土地资源在全球环境变化与物质循环方面所起的客观作用，具有明确的科学意义：指标 C 与指标 B 的提出旨在表征人类扰动所引起的生产力变化与物种富集度变化,体现了土地资源的"生物圈"(定义为地球上所有动植物与其环境的总和，是全球最大的生命系统)属性；指标 S 的提出旨在表征人类扰动所引起的土壤有机质含量变化，体现了土地资源

的"土壤圈"(定义为由地球陆地表面和潜水域底部的土壤所构成的一种连续体或覆盖层)属性。

表 5-1　常用土地使用环境影响表征指标

表征指标	单位	指标	模型描述
土地使用效率	m²	R	将土地占用与土地转化纳入清单分析,且归结为资源耗竭
净初级生产力变化	kg 碳	C	土地使用行为造成植被固碳能力变化
生态系统损害(EDP)	无量纲	B	基于维管植物的物种结构多样性
ReCiPe, 潜在消失分数(PDF)	m²/a	B	计算与基准土地(林地)物种富集度的差别
濒危物种威胁	无量纲	B	基于对全球范围内濒危物种与土地使用数据的关联分析,确定土地使用与濒危生物威胁的相关系数
土壤有机碳含量	kg 碳	S	土地类型的转变可导致土壤碳库的明显变化,这一指标可应用于对全球变暖问题的研究
LANCA	g、mm 等	S	通过量化抗腐能力、地下水补给等自然功能以确定土地使用的潜在环境影响

表征土地使用环境影响的不同科学指标、不同实践思路之间并不相互否定,它们体现了土地资源在全球物质-能量循环转化系统中所扮演的不同角色。在实际应用中,可依据具体研究目标,选取相应表征指标,例如,在针对温室效应的具体研究中,应选取表征指标 C 作为土地使用环境影响的特征化基准。

5.1.2　传统指标在表征资源属性方面的失效

现有表征指标"R"虽然强调资源属性,但其仅以占用、转化面积作为土地资源属性的量化基准,无法充分体现资源属性的科学内涵。此外,在一定程度上,表 5-1 中的指标"S""C""B"均可被理解为某种资源属性,然而采用这些指标表征土地的资源属性有两方面理论欠缺:

(1) 无法反映土地在维持全球生态系统非平衡自组织结构方面所起的客观作用,这是土地最根本的资源属性。

(2) 无法解释土地使用与矿产资源、化石能源使用在资源耗竭范畴中的物理共性。

克劳修斯提出的热寂说预言,由于熵的持续增加,宇宙终将达到一个宏观运动停止和势能耗竭的绝对平衡状态。将热力学第二定律应用于无限大物质系统的正确性是值得怀疑与批判的,但是对于一个有限物质系统,若系统的熵值持续增加，那么系统内部的宏观运动与势能终将彻底耗竭、有机生命将不复存在，这一点同样适用于物质尺度有限的地球生态系统。然而，地球生态系统并非孤立系统，普利高津所建立的非平衡态热力学理论为生态系统的可持续发展提供了最根本的科学解释，如下式所示：

$$dS = dS_e + dS_i \tag{5-1}$$

式中，dS 为系统的总熵变；dS_i 表示发生于系统内部的不可逆过程所引起的熵变；dS_e 表示系统与环境相互作用所引起的熵流。

对于封闭系统(系统与环境之间仅交换能量而不交换物质)，两个熵值计算项中，dS_i 总是大于零，dS_e 可能大于零也可能小于零。就全球生态系统而言，发生于生态系统内部的自发变化过程会造成熵的增加(即 dS_i 项)，而大规模的工业行为则加速了系统内部熵增的速度；另一方面，生态系统持续接收着源自太阳的辐射能，如式(5-2)所示，以太阳辐射能为反应条件的植物光合作用为生态系统运行提供了减熵机制(即 dS_e 项)。当生态系统所接收的负熵流可抵消系统内部的熵增时，加之生态系统运行过程的各种非线性机制，如种群控制机制、种间相互作用机制以及存在于地球复杂物理化学反应过程中的各种反馈机制，生态系统可保持为一个远离热力学平衡态的自组织耗散结构。

从热力学角度考虑，可持续发展的概念可被广义解释为人类行为所引起的熵增小于自然界中土地资源所接收的负熵流。若真实情况与这一可持续原则相违背，则全球生态系统会逐渐向混乱度极大的平衡态演化。任何对土地资源的扰动行为都将造成土地光合作用产量的变化(通常是减少)，从而降低生态系统所接收的负熵流，影响生态系统的可持续发展程度。

$$6CO_2 + 6H_2O \xrightarrow{hv} C_6H_{12}O_6 + 6O_2 \tag{5-2}$$

由以上论述可知，土地资源在维持全球生态系统非平衡自组织结构方面所起的客观作用是通过光合反应接收负熵流(上述理论欠缺(1))。此外，土地资源与其他类型自然资源在资源耗竭范畴中的物理共性体现为公式(5-1)中 dS_e 与 dS_i 两项的统一：依据公式(5-1)，矿产资源、化石能源等自然资源的使用可被归结为 dS_i 项，即工业生产造成自然界中资源储量的减少，而土地资源使用则应被归结为 dS_e 项，即工业扰动造成自然界中资源积累效率的降低(上述理论欠缺(2))。

5.1.3　土地资源属性㶲指标的合理性

在表 5-1 所示的各指标中，指标 C(土地净初级生产力)可以在一定程度上描述土地通过光合作用固定碳资源的能力，但其仅能反映光合反应所固定碳资源的量而无法反映物质在固定碳过程中所发生的质变。

光合反应在全球碳循环系统中的作用是将碳元素由无机态转化为有机态，因此，与表征光合反应所固定的碳元素量相比，更为重要的是表征无机碳转化为有机碳过程所引起的生态系统有序度增加(即熵值减少)。

在我国，有学者全面系统地梳理了国内不同类型土地资源的固碳能力，并形成了适用于生命周期评价的土地使用特征化因子集。在此基础上，可通过㶲理论进一步分析固碳化学反应所引起的质变，从量与质两方面综合表征土地的自然资源属性，保证计算得到的土地使用特征化因子能够充分体现土地资源对全球生态系统演化所起的根本作用。

如公式(5-3)所示，㶲与熵的科学内涵之间并无实质差别，㶲的应用亦可体现前文 5.1.2 节中以熵为基础讨论得出的土地自然资源属性的客观定义。选取㶲作为土地的资源属性表征指标可使土地使用特征化因子与其他类型资源的耗竭特征化因子相匹配，从而提升资源耗竭表征结果的全面性。

$$Ex = T_0\left(S_e - S_s\right) \tag{5-3}$$

式中，Ex 代表物质系统的㶲值；T_0 为环境温度；S_e 代表物质系统与环境平衡时的熵值；S_s 代表物质系统当前的熵值。

5.2　资源属性导向的土地类型划分

在生产流程的输入端，自然资源(如原煤)的输入可直接计入资源耗竭表征结果，而人造资源(如焦炭)的输入则应逆向追溯至其上游获取阶段的自然资源消耗。在具体计算过程中，前者本身的㶲值即可表征其耗竭量；后者则不同，若系统边界仅限于当前生产流程，那么人造资源本身的㶲值可用于分析系统的直接资源转化效率或不可逆度，当系统边界为产品的全生命周期时，应采用人造资源的载㶲或累积㶲表征其输入所造成的真实自然资源耗竭量。

以原煤与焦炭为例对上述问题进行说明。考虑两个可输出相同功能单位的生产系统 A 与 B，系统 A 消耗 1MJ(㶲值大小，下同)原煤，系统 B 消耗 1MJ 焦炭，由此可知，对于一个功能单位的产出，生产系统 A 所造成的自然资源耗竭量为 1MJ，生产系统 B 所造成的自然资源耗竭量则为 $a \times 1$MJ，其中参数 a 代表生产单位㶲值焦炭所累积消耗的各类自然资源的总㶲值，而焦炭本身的㶲值并不代表其摇篮到大门过程的自然资源消耗总量。

区分天然资源与人造资源的思想同样适用于土地资源，只是"天然"与"人造"的概念在土地资源归类中的表现形式与二者在其他类型资源归类中的表现形式并不完全相同。土地并不直接参与工业生产，其所提供的资源通常不能直接转化为工业产品，然而，工业生产会严重干扰土地资源为全球生态系统积累能量、维持生态系统自组织耗散结构的能力，因此，某一土地资源在"天然"

与"人造"之间的归属取决于其生产行为是否受到人类扰动,若不受,则该土地资源属于处在自然系统之中的天然资源,反之,则该土地资源应被视为处在人造系统之中的非天然资源。以砍伐天然林与砍伐人工林获取木材供应造纸厂为例,前者可被视为对天然资源的直接消耗,而后者仅造成人造资源消耗(天然资源的间接消耗)。

需强调,地球上现存各类植被均是土地资源长期适应人类干扰的结果,已被迫失去了部分"天然性"(naturalness),或大或小地偏离了其天然状态。基于这一认知,有学者提出了可用于描述土地被人类干扰的程度或偏离天然状态程度的科学指标"hemeroby"(人为干扰度),表 5-2 列出了一种典型的土地生态干扰等级划分。据此可知,纯粹天然类型(H1)与纯粹人工类型(H6)并不能覆盖所有土地类型,在二者之间还存在大量半天然半人工状态的"灰色"土地资源类型。

表 5-2　生态干扰度/天然度

生态干扰度	天然度	组成特征
H1(几乎无扰)	近天然	主要树种属其立地的潜在自然植被。不属于潜在自然植被的树种数量小于10%
H2(少干扰)	几近天然	主要树种属其立地的潜在自然植被。不属于潜在自然植被的树种数量小于20%
H3(轻度干扰)	较近天然	林分中的乡土树种株数占比至少为80%
H4(中等干扰)	半天然	林分中的乡土树种株数占比至少为50%
H5(强度干扰)	远离天然	非乡土树种在林中占优势,但乡土树种在林分中的株数占比为20%~49%
H6(人工)	人工	乡土树种在林分中的株数占比小于2%

材料全生命周期的土地资源扰动主要集中于原矿开采阶段(尤其是原矿品位较低的金属材料),由于绝大多数采矿点的土地类型在未被开发时接近于几乎不受人类干扰的H1型天然土地,在被开发后又接近于远离天然状态的H6型人工土地,因此,对土地资源类型的天然-人工"二分法"符合材料生命周期评价研究的基本要求,本章以下部分将分别讨论两类土地资源的量化方法。

5.3　天然土地资源损失的量化方法

本节所讨论的问题是:若某一工业生产过程消耗了源于天然土地的某种资源(不加改造地直接获取),如何量化相应自然资源耗竭(如砍伐天然林造纸)?

由于天然土地的生产活动不受人类行为干扰,因此对于获取天然土地的资源,其本身的㶲值即可表征相应生产过程所造成的自然资源耗竭量。天然土地所产出资源的㶲值可通过两种方法予以量化。当基础数据充足、可确定土地所产出资源的确切化学组成时，可通过公式(5-4)和公式(5-5)计算相应资源损失量：

$$\mathrm{TExL_N} = \sum \frac{\mathrm{Ex}_{\mathrm{com},i}}{M_{\mathrm{com},i}} \times C_i \times C_{\mathrm{bio}} \tag{5-4}$$

$$\mathrm{Ex}_{\mathrm{com},i} = \Delta_{\mathrm{f}} G_i^{\ominus} + \sum \left(n_{\mathrm{el},i} \times \mathrm{Ex}_{\mathrm{ch,el}} \right) \tag{5-5}$$

式中，$\mathrm{TExL_N}$ 表示天然土地资源的损失量(kJ)；$M_{\mathrm{com},i}$ 为化合物 i 的分子量(g/mol)；$\mathrm{Ex}_{\mathrm{com},i}$ 为化合物 i 的化学㶲值(kJ/mol)；C_i 表示化合物 i 在被获取资源中的质量占比(g/g)；C_{bio} 为资源获取量(g)；$\Delta_{\mathrm{f}} G_i^{\ominus}$ 为化合物 i 的标准摩尔生产吉布斯自由能(kJ/mol)；$n_{\mathrm{el},i}$ 表示每摩尔化合物 i 所包含各组成元素的摩尔数；$\mathrm{Ex}_{\mathrm{ch,el}}$ 为元素的化学㶲值(kJ/mol)。

此外，当源于天然土地的物质资源的化学组成数据难以确定时，可通过能源化学㶲计算中常用的"㶲能比值法"对该物质资源的化学㶲值进行估算。

假设生产过程所消耗的木材源于人工林而非天然林，则上述公式(5-4)与公式(5-5)并不适合于表征这一生产过程所造成的自然资源耗竭量。在此情景下，被消耗的资源(木材)是诸如施肥、播种、基础设施维护等人类活动的产物，其自然资源属性体现为载㶲或累积㶲(如 5.2 节所述)。

对于半天然半人工状态的土地资源，其乡土植被属于天然资源、外来植被则应被视为人工资源。此种类型的土地资源主要受造纸、家具等行业的影响，与材料生产的关联较小。

5.4　人工土地资源损失的量化方法

本节所讨论的问题是：若某一工业生产过程消耗了源于人工土地的某种资源(如人工林)或将天然土地转化为人工土地，如何量化相应的自然资源耗竭？如前文所述，由于材料全生周期中的采矿阶段对土地资源的干扰较大，将大量天然土地转化为工业用地，因此本节所讨论的方法对于完善材料生命周期资源消耗强度表征模型具有重要意义。

5.4.1　人工土地资源损失的物理含义

产自于天然土地的资源是在不受人类活动干扰的情况下，土地通过光合作用所积累的生物质资源。与此不同，人工土地经受着强烈的人类活动干扰，即使某些人工土地如天然土地般，亦可产出生物质资源(如农业用地可以产出农作物)，这些资源也应被视为人造产品，因为其生产过程依赖于撒药、播种、灌溉等人类活动。

人类干扰行为导致土地的植被状态远离其潜在天然状态，所造成的自然资源损失量表现为土地人工状态(扣除人类影响)与其潜在天然状态之间的自然资源积累能力差异。

土地植被进行光合作用的物质积累结果是在生态系统中固定了大量有机碳，其具体数量可由净初级生产力指标确定。人类扰动所造成的自然资源损失量在物质层面具体表现为扰动前后土地自然净初级生产力的变化(与净初级生产力不同，自然净初级生产力仅代表由自然力所固定的有机碳量，即扣除由人力所固定的有机碳量之后的净初级生产力)，如公式(5-6)所示：

$$NCS_i = NNPP_i - NNPP_{i,HI}$$
$$NNPP_i = \rho \times NPP_{i,HI} \tag{5-6}$$

式中，NCS_i 表示人类占用所造成的土地资源的自然固碳能力损失率；$NNPP_i$ 表示被占用前土地资源的自然净初级生产力；$NNPP_{i,HI}$ 表示被占用后土地资源的自然净初级生产力；ρ 表示人工土地的自然净初级生产力在其净初级生产力中的占比。

根据干扰程度的不同，公式(5-6)中参数 ρ 与 NPP_i 的取值可分为以下几种情况：

(1) $0<\rho<1$、$NPP_{i,HI}\neq0$ 且 $<NNPP_i$。此种情况下，被占用地具备一定的固碳能力，但小于其被占用前的固碳能力，土地资源保留了部分天然属性。

(2) $0<\rho<1$、$NPP_{i,HI}>NNPP_i$。此种情况下，被占用地的固碳能力大于其被占用前的固碳能力，并保留了部分天然属性。

(3) $\rho\approx0$、$NPP_{i,HI}\neq0$。此种情况下，被占用地具备一定的固碳能力，但几乎完全丧失了天然属性。

(4) $\rho\approx0$、$NPP_{i,HI}\approx0$。此种情况下，被占用地几乎不具备固碳能力，且几乎完全丧失了天然属性。

上述情况(1)、(2)、(3)是农业、林业活动所可能产生的结果，例如，将低密度草地改造为人工耕地、退耕还林、维护高强度人力管制的人工林等行为对土地资源所产生的影响均属于这三种情况。

相比而言，上述情况(4)最符合材料生产对土地资源所产生的影响。在采矿占用阶段，被改造为矿区的天然土地的自然净初级生产力接近于零，占用行为结束后(人类扰动停止)，土地进入恢复阶段(renaturalisation phase)，其间土地的自然净初级生产力会逐渐增向其初始值。无论是在占用阶段还是在恢复阶段，土地的自然净初级生产力均小于其潜在自然净初级生产力(即天然状态下，土地的净初级生产力)，因此人类干扰行为(采矿)会造成土地积累自然资源能力的下降。

在确定土地自然固碳量损失的基础之上，利用固碳过程所发生化学反应的吉布斯自由能变化即可将固碳指标转化为固㶲指标，从而体现出土地资源维持生态系统非平衡自组织结构的功能。本节的计算过程包括以下两个步骤：①确定人类干扰行为所造成的土地资源固碳量损失(CL)；②将固碳损失指标转化为土地资源的人工土地的自然资源总量(TExL$_A$)。

5.4.2　人工土地自然资源属性的演化规律

5.4.2.1　建模过程的若干假设

受某些随机因素影响，土地资源的自然净初级生产力受人类活动干扰后的演化规律十分复杂。为了得出这一演化规律，需要对土地受人类活动干扰后的各个阶段的固碳能力作如下假设：

(1) 虽然工业生产对土地资源的扰动十分强烈，但是土地的自然净初级生产力不会完全降为零。为了提升所建立模型的可行性，需假设工业占用期间土地的自然净初级生产力为零。

(2) 工业占用的结束并不等同于人类干扰的终止，这是因为随着国家对土地资源的重视程度不断增加，矿区开采后的矿山生态修复工程正逐渐在我国普及，这意味着采矿干扰结束后，人类将以另一种方式(具有正面效应)继续影响土地资源，使其向有序度较高的状态演化。由于目前难以获得矿山修复工程的详细环评数据，因此需假设采矿行为结束后，土地资源将完全脱离人类影响而进入其恢复阶段，其间土地的自然净初级生产力等同于其净初级生产力。

(3) 在恢复阶段，自然系统本身的生态机制通常不足以使土地资源完全恢复至其未被干扰前的天然状态，此外，土地资源最终的恢复程度是多项外界环境因素共同作用的结果，难以对其进行精确量化。为了避免复杂随机因素干扰建模过程，需假设经历恢复阶段后，土地资源可完全恢复至其初始天然状态。

5.4.2.2　演化规律的图形化

以上述各假设为基础，可构建土地自然资源属性受人类活动干扰后的演化规律，如图 5-1 所示。图中，点虚线代表土地的潜在自然净初级生产力、虚线代表土地的自然净初级生产力。对于前者，由于潜在自然净初级生产力的含义是土地资源受人类活动干扰前的自然净初级生产力，因此在不考虑生态系统自身涨落的情况下，其具体数值不随时间变化(在图 5-1 中表现为直线)。对于后者，土地资源在占用阶段的自然净初级生产力为零(假设(1)保证了这一趋势)，进入恢复阶段后，土地资源依靠自身调节能力向其天然初始状态进行演化(假设(2)保证了这一趋势)，从而使遭到破坏的土地生态系统得到改善，土地的自然净初级生产力将逐渐恢复至其天然(潜)在水平(假设(3)保证了这一趋势)。

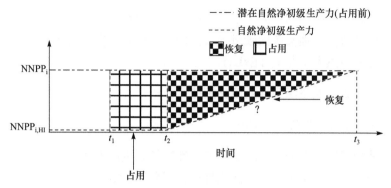

图 5-1　人工土地自然资源积累能力的变化趋势

图 5-1 中，$t_1 \sim t_3$ 阶段点虚线与 $t_1 \sim t_2$ 阶段虚线的准确性虽然受到上述三条假设的限制，但二者所呈现出的基本变化趋势客观反映了人类活动对土地资源的干扰。相比而言，在 $t_2 \sim t_3$ 恢复阶段，土地资源属性的真实变化趋势比其他阶段更为复杂，而图 5-1 中所呈现出的线性模式($t_2 \sim t_3$ 阶段的虚线)亦可被视为建模假设之一。如前文所述，假设 1、2、3 所规定线性模式的准确性只受自然扰动、随机涨落的限制，真实变化趋势仅表现为围绕线性模式的上下波动。与此不同，在 $t_2 \sim t_3$ 恢复阶段，土地自然资源属性的真实变化趋势与图 5-1 中所呈现线性模式之间的偏差却不仅表现为由微小自然扰动造成的小范围涨落，土地生态系统的自我恢复机制以及种群动力机制还决定了在图 5-1 中这一阶段的变化趋势具有曲线化的几何表象。以下小节将重点讨论这一问题对建模结果的影响程度。

5.4.2.3　线性恢复模式的准确性

本节将对比分析采用线性恢复模式与采用种群动力理论中非线性恢复模式所得建模结果之间的差异，论证将可行性较高的"线性假设"应用于恢复阶段是否会对建模结果产生显著影响。

以描述种群变化的经典逻辑斯谛"logistic"模型为基础，可对恢复阶段土地自然资源属性的演化规律建模如下：

设 $NNPP_r$ 为土地在恢复阶段的自然净初级生产力，$NNPP_i$ 为土地的潜在自然净初级生产力，t 为恢复时间，k 为恢复系数，则土地自然资源属性在恢复阶段的 logistic 方程可表示为

$$\frac{dNNPP_r}{dt} = k \times NNPP_r \times \left(NNPP_i - NNPP_r \right) \tag{5-7}$$

公式(5-7)中等号左部为 $NNPP_r$ 的增长率，等号右部计算过程表明该增长率正比于土地的自然净初级生产力，而受制于土地的潜在自然净初级生产力。由公式(5-7)可推得 $NNPP_r$ 的解析表达式为

$$NNPP_r = \frac{C \times NNPP_i \times e^{k \times NNPP_i \times t}}{1 + C \times e^{k \times NNPP_i \times t}} \tag{5-8}$$

为了得到 $NNPP_r$ 随时间的确切变化规律，还需确定公式(5-8)中的积分常数 C 与恢复系数 k 的具体数值。前文所述假设条件规定了 $NNPP_r(0)=0$、$NNPP_r(t_F)=NNPP_i$，其中 0 代表恢复阶段的起点(即 t_2)，t_F 代表土地恢复至天然状态所需时长(即 t_3-t_2)，理论上讲，根据以上初值条件便可求解获得常数 C 与系数 k 的具体数值；然而，将此初值条件代入方程(5-8)所解得 C 与 k 的数值均无实际意义($C=0$, $k=\infty$)。为了解决这一问题，在 C 与 k 的求解过程中，可重新设定 $NNPP_r(0)=5\%NNPP_i$、$NNPP_r(t_F)=95\%NNPP_i$，从而确保方程(5-8)的数值解具有实际意义，在此基础上求得 C 与 k 的具体数值分别为

$$C = \frac{1}{19}, \quad k = \frac{5.9}{NNPP_i \times t_F} \tag{5-9}$$

将 C 与 k 代入方程(5-8)，得到 $NNPP_r$ 随时间变化的数学解析式为

$$NNPP_r = \frac{NNPP_i \times e^{\frac{5.9 \times t}{t_F}}}{19 + e^{\frac{5.9 \times t}{t_F}}} \tag{5-10}$$

图 5-2 显示了 $NNPP_r(t)$ 的函数图像，以及与线性恢复模式的对比。图中实线表示国内某矿山的真实恢复过程，而 logistic 恢复模式与线性恢复模式对这一真实矿山恢复过程的拟合优度分别为 0.96 与 0.92，由此可见，线性恢复模式与矿山真实恢复过程的吻合程度虽低于 logistic 恢复模式，但二者准确性之间的差别并不显著。

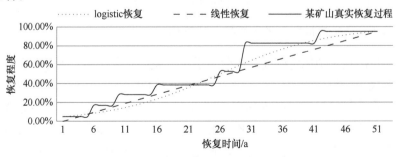

图 5-2　不同恢复模式对比

如图 5-2 所示，当恢复时长达到 22 年时，两条恢复曲线(线性与 logistic)相交。在此相交点之前，虽然 logistic 恢复曲线的增长率呈现出递增趋势，但其恢复量(曲线对时间积分)却低于线性恢复模式；在此相交点之后，受到土地潜在自然净初级

生产力的限制，logistic 恢复曲线的增长率逐渐降低，但其恢复量开始超越线性恢复模式。综合而言，logistic 恢复模式与线性恢复模式在整个恢复阶段的资源积累量(曲线、直线下方面积)相差并不明显(前者高于后者 3%)，因此，线性假设虽不能精确体现生态恢复过程的动力学机制，但就数值计算结果而言，其与 logistic 恢复模式之间并不存在显著差别，高可行性线性假设的实际应用不会造成建模结果严重失真。

5.4.3　基于烟指标的资源损失量表征

5.4.3.1　土地资源固碳量损失(CL)的确定

由图 5-1 可知，相比于天然状态的固碳能力(潜在自然净初级生产力)，人工土地在占用阶段与恢复阶段的固碳量均有一定程度的损失。在图 5-1 中，点虚线与虚线所围成区域的面积代表人类扰动所造成的土地固碳量损失，这一区域包括两个部分：①占用损失，对应于图中 $t_1 \sim t_2$ 阶段的矩形面积；②恢复损失，对应于图中 $t_2 \sim t_3$ 阶段的三角形面积。公式(5-11)与公式(5-12)可分别用于计算占用损失与恢复损失：

$$CL_{occupation} = NNPP_i(t_2 - t_1) \tag{5-11}$$

$$CL_{renaturalisation} = \frac{1}{2} NNPP_i(t_3 - t_2) \tag{5-12}$$

式中，$CL_{occupation}$ 与 $CL_{renaturalisation}$ 分别代表土地资源在占用阶段与恢复阶段的固碳量损失(g/m^2)；$NNPP_i$ 为土地资源的潜在自然净初级生产力$(g/(m^2 \cdot a))$，时间段 $t_2 - t_1$ 与 $t_3 - t_2$ 分别代表占用阶段与恢复阶段的持续时间(a)。

5.4.3.2　固碳量损失向化学烟损失的转化

光合作用是土地固定碳元素的化学手段，凭借光合作用，碳元素在自然界中的存在形式由无机化学态(二氧化碳)转变为有机化学态。由于大气圈中的二氧化碳是碳元素化学烟计算的基准物质(其化学烟值为零)，因此，可采用光合作用产物的化学烟值表征土地固定自然资源的能力，对人工土地自然资源损失量的计算过程则等同于将碳固定量损失进一步转化为烟固定量损失。

不同类型植物进行光合作用所生成化学产物之间的差别很大，例如，淀粉是棉花与大豆的主要光合反应产物，蔗糖是小麦、水稻与蚕豆的主要光合反应产物，而蛋白质、脂肪和有机酸也是某些类型植物的光合反应产物。此外，光合作用的具体化学产物还与阳光的实际照射情况有关。为了保证计算过程的一致性，可选取初级产物葡萄糖作为光合作用复杂化学产物的代表。基于元素化学㶲与葡萄糖的标准摩尔生产吉布斯自由能的具体数值,可对葡萄糖的化学㶲值进行计算(如公式(5-5)所示),在此基础上,碳固定量损失与㶲固定量损失之间的转化系数可由公式(5-13)计算获得

$$CR = \frac{Ex_{glu}}{M_C \times N_C} \tag{5-13}$$

式中,CR 代表碳固定量损失与㶲固定量损失之间的转化系数(kJ/g);Ex_{glu} 为葡萄糖的化学㶲值(kJ/mol);M_C 为碳元素的原子量(g/mol);N_C 代表每摩尔葡萄糖分子所包含碳元素的摩尔数(无量纲)。

在获得转化系数 CR 的基础上,土地在占用阶段与恢复阶段的化学㶲损失因子可通过以下公式计算获得:

$$ExLF_{occupation} = CL_{occupation} \times CR \tag{5-14}$$

$$ExLF_{renaturalisation} = CL_{renaturalisation} \times CR \tag{5-15}$$

式中,$ExLF_{occupation}$ 和 $ExLF_{renaturalisation}$ 分别为土地在占用阶段与恢复阶段的化学㶲损失因子(kJ/m^2)。

将以上化学㶲损失因子代入公式(5-16),可得人工土地的自然资源损失总量为

$$TExL_A = ExLF_{occupation} \times A + ExLF_{renaturalisation} \times A \tag{5-16}$$

式中,A 为土地面积;$TExL_A$ 代表人工土地的自然资源损失总量(kJ)。

5.4.3.3　$TExL_A$ 的计算结果

上述计算过程所涉及各参数的数据来源如下:公式(5-11)与公式(5-12)中,$NNPP_i$ 的具体数值取自 Liu 等(2010)的研究成果,土地占用阶段的持续时间(t_2-t_1)取决于具体研究案例,土地恢复阶段的持续时间(t_3-t_2)取自 Schmidt(2008)的研究成果;公式(5-13)中,Ex_{glu} 的具体数值取自 Morris 和 Szargut(1986)的研究成果。

将各参数代入相应公式,计算得到人类干扰所造成各类土地的自然资源损失因子如表 5-3 所示。表 5-3 中所示结果虽然仅针对人工土地,但表中数据类型却同时包括人工利用方式(工业利用)与天然土地类型,这是因为人类干扰所造成的自然资源损失量既取决于干扰强度又取决于土地在未经干扰前的初始状态(对于公式(5-6),前者决定了参数 $NNPP_{i,HI}$ 的大小,后者决定了参数 $NNPP_i$ 的大小)。在表 5-3 中,工业用地的人工利用方式决定了土地资源所受干扰强度较大,可假设其自然资源属性为零(前文中假设(1));土地资源在未经干扰前的初始天然类型决定了其潜在自然净初级生产力与恢复阶段持续时间。

表 5-3 人工土地的化学㶲损失因子

人工利用方式	天然类型	二级类型	在我国的面积/m²	净初级生产力/[g/(m²·a)]	㶲损失因子(占用)/[MJ/(m²·a)]	㶲损失因子(恢复)/(MJ/m²)
工业用地	森林	亚热带常绿针叶林	548469	545	22.53	5631.21
		温带常绿针叶林	97277	388	16.04	4009.01
		常绿阔叶林	222786	611	25.25	6313.16
		落叶针叶林	209273	364	15.04	3761.03
		落叶阔叶林	193596	426	17.61	4401.65
		温带混交林	155002	420	17.36	4339.65
		热带亚热带混交林	157352	496	20.50	5124.92
	灌丛	郁闭灌丛	1273773	474	19.59	979.52
		稀疏灌丛	736888	170	7.03	351.31
	草地	草甸草本沼泽	447997	345	14.26	356.47
		高覆盖草地	315582	393	16.24	406.07
		低覆盖草地	1681704	109	4.51	112.62
	沙漠	半荒漠	464639	14	0.58	0.29
		荒漠	498204	49	2.03	1.01
		沙漠	762481	3	0.13	0.06

参 考 文 献

李迈和, 杨健, 2002. 生态干扰度: 一种评价植被天然性程度的方法. 地理科学进展, 21(5): 450-458.

李如生, 1986. 非平衡态热力学和耗散结构. 北京: 清华大学出版社.

林振山, 刘会玉, 齐相贞, 2010. 植物种群动力学演化机制. 北京: 科学出版社.

刘宇, 2012. 材料生产的土地使用环境影响评价模型研究及其应用. 北京: 北京工业大学.

沈建新, 2009. 有色金属矿山生态修复工程设计与思考. 有色冶金设计与研究, 30(6): 47-50.

宋百敏, 2008. 北京西山废弃采石场生态恢复研究: 自然恢复的过程、特征与机制. 济南: 山东大学.

孙博学, 2016. 有色金属生命周期资源消耗强度的㶲分析. 北京: 北京工业大学.

田汉勤, 2002. 陆地生物圈动态模式: 生态系统模拟的发展趋势. 地理学报, 57(4): 379-388.

邬建国, 1991. 耗散结构、等级系统理论与生态系统. 应用生态学报, 2(2): 181-186.

张杰西, 赵斌, 房彬, 等, 2014. 矿山生态修复方法及工程措施研究. 再生资源与循环经济, 7(12): 31-33.

张蜀秋, 2011. 植物生理学. 北京: 科学出版社.

赵其国, 1997. 土壤圈在全球变化中的意义与研究内容. 地学前缘, 4(1-2): 153-163.

Beck T, Bos U, Wittstock B, et al., 2010. LANCAR-land use indicator value calculation in life cycle assessment. Stuttgart, Fraunhofer Verloy.

Brandão M, Canals L M, Clift R, 2011. Soil organic carbon changes in the cultivation of energy crops: implications for GHG balances and soil quality for use in LCA. Biomass and Bioenergy, 35(6): 2323-2336.

Brentrup F, Küsters J, Lammel J, et al., 2002. Lifecycle impact assessment of land use based on the hemeroby concept. International Journal of Life Cycle Assessment, 7(6): 339-348.

British Standardisation Institute, 2008. PAS 2050:2008-Specification for the assessment of the life cycle greenhouse gas emissions of goods and services.

Canals L M, Romanyà J, Cowell S J, 2007. Method for assessing impacts on life support functions (LSF) related to the use of "fertile land" in life cycle assessment (LCA). J. Clean. Prod., 15(15): 1426-1440.

Dewulf J, van Langenhove H, van de Velde B, 2005. Exergy-based efficiency and renewability assessment of biofuel production. Environ. Sci. Technol., 39(10): 3878-3882.

Fargione J, Hill J, Tilman D, et al., 2008. Land clearing and the biofuel carbon debt. Science, 319(5867):1235-1238.

Goedkoop M, Heijungs R, Huijbregts M, et al., 2009. ReCiPe 2008. A life cycle impact assessment method which comprises harmonised category indicators at the midpoint and the endpoint level.

Guinee J B, 2002. Handbook on life cycle assessment operational guide to the ISO standards. The International Journal of Life Cycle Assessment, 7(5):311-313.

Haberl H, Erb K H, Krausmann F, et al., 2007. Quantifying and mapping the human appropriation of net primary production in earth's terrestrial ecosystems. PNAS, 104(31): 12942-12947.

Hansen S B, Olsen S I, Ujang Z, 2014. Carbon balance impacts of land use changes related to the life cycle of Malaysian palm oil-derived biodiesel. Int. J. LCA, 19(3): 558-566.

Helin T, Holma A, Soimakallio S, 2014. Is land use impact assessment in LCA applicable for forest biomass value chains? Findings from comparison of use of Scandinavian wood, agro-biomass and peat for energy. Int. J. LCA, 19(4): 770-785.

Intergovernmental Panel on Climate Change, 2006. IPCC guidelines for national greenhouse gas inventories. Energy, 2.

Kløverpris J H, Wenzel H, Nielsen P H, 2008. Life cycle inventory modelling of land use induced by crop consumption. Int. J. LCA, 13(1): 13-21.

Koellner T, Scholz R W, 2006. Assessment of land use impacts on the natural environment. Part 1: generic characterization factors for local species diversity in Central Europe. Int. J. LCA, 20:1-20.

Koellner T, Scholz R W, 2007. Assessment of land use impacts on the natural environment. Part 2: an analytical framework for pure land occupation and land use change. Int. J. LCA, 12:16-23.

Lenzen M, Lane A, Widmer-Cooper A, et al., 2009. Effects of land use on threatened species. Conserv Biol., 23(2):294-306.

Liu Y, Nie Z, Sun B, et al., 2010. Development of Chinese characterization factors for land use in life cycle impact assessment. Science China-Technological Sciences, 53(6): 1483-1488.

Morris D R, Szargut J, 1986. Standard chemical exergy of some elements and compounds on the planet earth. Energy, 11(8): 733-755.

Mueller C, Baan L, Koellner T, 2014. Comparing direct land use impacts on biodiversity of conventional and organic milk-based on a Swedish case study. Int. J. LCA, 19(1): 52-68.

Müller-Wenk R, Brandão M, 2010. Climatic impact of land use in LCA-carbon transfers between vegetation/ soil and air. Int. J. LCA, 15(2): 172-182.

Schmidt J, 2008. Development of LCIA characterisation factors for land use impacts on biodiversity. Journal of Cleaner Production, 16(18): 1929-1942.

Steen B, 2006. Abiotic Resource Depletion: Different perceptions of the problem with mineral deposits. Int. J. LCA, 11(1): 49-54.

第6章 水资源多元耗竭形式的㶲表征

除电解等少数生产过程以外,大多数使用水资源的材料生产过程并不造成水资源总量的减少,即从量的角度考虑,材料生产不会引发水资源耗竭问题。然而,在经历材料生产过程后,水资源的存在状态发生了明显改变,例如,直接参与化学反应(如电解反应)的水资源的化学结构被破坏,用于冷却产品与设备的水资源发生了物相变化,携带某些污染物质被排放至外界的水资源的溶液性质发生了变化;从质的角度考虑,无论水资源以何种形式被消耗于材料生产过程,其可用性均发生了变化,将其恢复至初态(未被使用之前)需投入一定量的有用功,因此,材料生产使用水资源所造成的资源耗竭可被归入㶲损失的范畴。本章简要介绍我国水资源使用现状以及各类通用水资源耗竭评价方法。重点解析水资源在材料生产过程中的多元耗竭形式,建立相应㶲损失量化模型,计算各类材料生产水资源耗竭指数,弥补了材料生命周期综合资源耗竭强度表征方法中水资源项的缺失,为水资源耗竭评价,以及制定水资源可持续利用政策提供了理论数据支持。

6.1 水资源及其表征问题

6.1.1 水资源及其现状

6.1.1.1 水资源的基本概念

水与水资源是两个不同的概念,水资源并非化学意义上由 H_2O 分子组成的纯净物,而是以水为主体,含有悬浮物、溶解物等化学物质的复杂混合物。按照所处地质情景的不同,水资源可被分为河流、湖泊、沼泽、冰川、地下水和海洋等。不同人类文明的产生与发展均依赖于特定的水资源环境,随着工业技术日新月异,人类社会对水资源的依赖程度逐步增大,当前水资源的消耗强度约为每年 3 万亿 t,远超其他类型的自然资源。

自然界中的水资源总储量为 13.86 亿 km^3,其中由于高含盐量而难以被直接利用的海洋水储量为 13.38 亿 km^3,占水资源总储量的 96.5%;陆地水储量为 0.48 亿 km^3,占水资源总储量的 3.5%。陆地水中的淡水储量为 0.35 亿 km^3,其中有 0.24 亿 km^3 分布于冰川、多年积雪、地球两极和多年冻土之中,依靠现有技术难以有效开发;便于直接利用的陆地淡水资源只有 0.1065 亿 km^3,仅占地球水资源总储量的 0.77%；可见，人类社会所需淡水资源在自然界中的储量十分有限。另一方面，现代工业社会的高速发展对水资源系统产生了不可逆的严重影响。相关研究显示，全球范围内有大量物种依赖淡水环境而生存，淡水资源缺乏会导致整个生态系统失稳；淡水供应同样也制约着人类的生存质量，在每年死于腹泻的 200万人中，约有 88%是淡水资源供给不充分造成的。

不同区域降水量、径流量之间的差异导致全球水资源分布极不均匀。少雨干旱的陆地面积约占全球陆地总面积的 1/3，而某些地区又面临周期性多雨洪涝的问题。以我国为例，我国水资源总量为 28124 亿 m^3，以 2011 年统计数据为基础，全国年用水总量为 6107.2 亿 m^3，其中，生活用水 789.9 亿 m^3，占用水总量的 12.9%；工业用水 1461.8 亿 m^3，占用水总量的 23.9%；农业用水 3743.5 亿 m^3，占用水总量的 61.3%；国民人均河川径流年占有量为 $2260m^3$，是世界平均水平的 1/4、美国的 1/6，中国是联合国认定的全球 13 个贫水国之一，以全球 7%的水资源承载着全球 21%的人口。同时，我国水资源分布表现出不平衡问题，例如，华北地区以全国 6%的水资源供养着全国人口总量的 1/3，而西南地区却以全国 46%的水资源供养着全国人口总量的 1/5；长江以南地区的水资源量占全国水资源总量的 82%以上，而其耕地面积仅占全国的 36%，长江以北地区则不同，其水资源总量占全国的 18%，耕地面积却占全国的 64%。

6.1.1.2 水资源循环及其供给限度

太阳辐射能和地心引力作用使得地表水不断蒸发、蒸腾进入大气圈，随大气环流迁移至不同区域，最终通过降雨、降雪等自然气象返回地球表面。存在于自然界中不同形态的水资源构成了一个巨大的物质循环系统，处于人为消耗与自然补给的长期动态平衡之中，具有较强的再生性。然而，如前文所述，全球水资源中只有 0.77%是可被人类直接利用的淡水资源，当高品质淡水资源的开发利用率超过或接近其自然补给率时，"可再生"的水资源系统则面临耗竭问题。

自然界中不同形态水资源的循环补给速率差异很大，如表 6-1 所示，水资源通过循环而不断更新，从大时空尺度来看，水资源的蒸发量与沉降量(降水)之间大体呈现出动态平衡关系，但在一定时空范围内，自然水资源循环系统对人类社会的供给是否可持续则存在较大的不确定性，前文提到的不同区域水资源供给压力即为一例。

表 6-1　水的更新周期

类型	永冻层水	海洋水	深层地下水	湖泊水	冰川水	生物水
时间	1 万年	2500 年	1400 年	17 年	16 天	几个小时

随着人类工业文明的不断发展与进步，大量重金属、有机物等污染物质通过各种排放途径进入自然水体之中，导致了富营养化、生态毒性等一系列环境安全问题，严重影响了自然水资源的可持续供给。

综上所述，人类生产行为对水资源的开发利用一方面可能造成水资源的消耗速率超过其循环补给速率，造成"量"的耗竭，另一方面还可能造成水资源受污染后可用性的下降，造成"质"的耗竭。因此，应从"量变"与"质变"两个方面理解水资源的耗竭问题。

6.1.2　水资源的耗竭方式及其表征难点

在生命周期评价领域研究水资源问题肇始于该领域发展初期的某些经典案例，例如，一次性尿不湿与可循环使用尿布的节水性对比、典型工农业生产系统的用水总量分析等，在此类早期研究中，水资源消耗仅被视为清单编制条目，而非环境影响类型。随着生命周期评价体系的不断完善，目前已有众多学者从不同学科角度对水资源环境影响特征化问题进行了系统研究。Owens 对输入、输出产品系统的水资源进行了分类及相应清单分析；还有学者对农业生产系统的水资源蒸腾、蒸散清单进行了研究，将水资源使用纳入环境影响评价阶段，并提供了一些水资源开发利用的潜在环境影响的背景信息。

目前，可用于评价水资源使用环境影响的主要方法有水足迹(water footprint, WF)、非生物资源耗竭因子、水压力指标(water stress indicator, WSI)以及热力学指标等，本节将对比阐述不同评价方法各自的特点。

6.1.2.1　水足迹

水足迹的最初定义为：在一定时间段内，支撑一定人口(一个国家、一个地区或独立个人)的产品和服务在其生产获取阶段所消耗的水资源量。以此定义为基础，相关领域的学者通过不断拓展、细化水足迹的科学内涵，逐步发展出不同类型的水足迹指标，例如，过程水足迹、产品水足迹、消费者水足迹、企业水足迹、地区水足迹、国家水足迹等。

总体而言，水足迹普遍被认为是一个可综合表达水资源消耗量、水源类型以及水体污染类型和污染量的多维度表征指标。水足迹包括绿水足迹、蓝水足迹及灰水足迹三个组分。其中，绿水是指存储于土壤并被植物蒸腾消耗的水资源；蓝水是指自然降水中储存于地表水与地下水的部分，是可见的液态水流，包括河流、湖泊以及地下含水层中的水，蓝水与绿水之间的根本性差别在于后者仅能被植物所利用，而前者除可被植物利用外亦可被人类所利用；灰水足迹是反映水体被污染程度的水足迹指标，其定义为：以自然本底浓度和现有环境水质标准为基准，将水体污染物稀释至安全基准所需的淡水量(体积)。在应用水足迹方法时，只有详细计算生产系统的三个水足迹指标方能获得对水资源消耗问题的全面解析。

水足迹方法综合考虑了水资源的消耗与污染问题，与传统水资源评价方法相比，内涵更为丰富，能够更好地显示出人类对水资源的需求和占有状况。然而，水足迹表征水消耗与水污染的单位为 m^3、L 等体积单位，其所衡量的并非水资源利用所造成的环境影响，难以反映水资源耗竭的物理内涵。

6.1.2.2　非生物资源耗竭因子

在稀缺度特征化方法体系中用于衡量不可再生资源耗竭潜力的非生物资源耗竭因子，无法直接应用于表征可再生水资源的耗竭潜力。为了拓展特征化模型的应用范围，有学者修正了传统的稀缺度特征化模型，通过增加资源再生参数，统一了可再生资源与不可再生资源的表达式：

$$\text{ADP}_i = \frac{\text{ER}_i - \text{RR}_i}{\left(R_i\right)^2} \times \frac{\left(R_{\text{sb}}\right)^2}{\text{DR}_{\text{sb}}} \tag{6-1}$$

式中，ADP_i 是资源 i 的特征化因子；ER_i 是资源 i 的开采率；RR_i 是资源 i 的再生率；R_i 是资源储量；DR_{sb} 是参照资源的消耗率；R_{sb} 表示参照资源的储量，通常选取金属锑作为参照资源。资源 i 的特征化因子 ADP_i 的单位为 kg-锑/kg-资源 i，对于水资源则为 kg-锑/kg-水，表示水资源的稀缺程度。

在公式(6-1)中，当参数 RR 大于参数 ER 时，计算得到的特征化因子将小于零，这意味着所研究区域水资源的生态补给率大于其消耗率，无须考虑耗竭问题。

由于水资源在不同区域的分布并不均匀，因此应用修正后的稀缺度模型确定水资源耗竭特征化因子需考虑不同地理水域之间的差异，如表 6-2 所示，选取国家层面的统计平均数据作为计算基准将掩盖水资源的区域属性与演化规律。在理想情况下，应用该模型计算得到基于区域特点的水资源耗竭特征化因子，有助于理解认识某一产品、服务对当地水资源供给的影响，从而为工业决策提供科学依据，例如，水资源密集型的经济活动不适合在水资源供给压力大的区域开展。

表 6-2　中国水资源非生物资源耗竭因子

年份	水资源总量 /亿 m^3	水消耗量 /亿 m^3	剩余储量 /亿 m^3	净补给量 /亿 m^3	水消耗量−净补给量 /亿 m^3	耗竭因子	耗竭因子单位
2000	27701	3012	24689	—	—	—	—
2001	26868	3052	23816	2179	873	3.72×10^{-8}	kg-锑/kg-水
2002	28261	2985	25276	4445	−1460	0	kg-锑/kg-水
2003	27460	2901	24559	2184	717	2.93×10^{-8}	kg-锑/kg-水
2004	24130	3001	21129	−429	3430	1.81×10^{-7}	kg-锑/kg-水
2005	28053	2960	25093	6924	−3964	0	kg-锑/kg-水
2006	25330	3042	22288	237	2805	1.35×10^{-7}	kg-锑/kg-水
2007	25255	3022	22233	2967	55	2.66×10^{-9}	kg-锑/kg-水

续表

年份	水资源总量 /亿 m³	水消耗量 /亿 m³	剩余储量 /亿 m³	净补给量 /亿 m³	水消耗量–净补给量 /亿 m³	耗竭因子	耗竭因子单位
2008	27434	3110	24324	5201	−2091	0	kg-锑/kg-水
2009	24180	3155	21025	−144	3299	1.74×10⁻⁷	kg-锑/kg-水
2010	30906	3182.2	27723.8	9881	−6698.8	0	kg-锑/kg-水
2011	23257	3201.8	20055.2	−4466.8	7668.6	4.37×10⁻⁷	kg-锑/kg-水
均值(不包括 2000 年数据)	26466.7	3055.6	23411.0	2634.3	421.2	1.85×10⁻⁸	kg-锑/kg-水

注：①水资源总量是指当地降水形成的地表和地下产水总量，即地表产流量与降水入渗补给地下水量之和；

②水消耗量指在输水、用水过程中，通过蒸腾蒸发、土壤吸收、产品吸附、居民和牲畜饮用等多种途径消耗掉，而不能回归到地表水体和地下含水层的水量；

③剩余储量是指水资源总量除去水消耗量剩下水资源，其中包括因各种途径回到本水体的水资源(如废水)；

④净补给量是指当年的水资源总量减去上一年的剩余储量及因为干旱而损失掉的水量。

然而，受基础数据可获得性的限制，采用系统整理过的区域数据确定水资源耗竭特征化因子的研究目前尚未见报道。此外，应用稀缺度模型计算得到的资源耗竭因子仅与水资源的稀缺程度相关，而无法反映水体受污染程度及其可能造成的环境影响。

6.1.2.3　水压力指标

水压力指标属于生命周期环境影响评价方法体系中的中间点评价模型(midpoint assessment model)，用于描述区域水资源的稀缺程度，其计算模型如下所示：

$$\mathrm{WSI} = \sum_i \left(\alpha_i \times V_{i,\mathrm{in}} \right) - \sum_i \left(\alpha_i \times V_{i,\mathrm{out}} \right) \tag{6-2}$$

式中，WSI 是水压力指标值；α_i 是水压力指数(water stress index)，i 代表水资源的具体类型；$V_{i,\mathrm{in}}$ 和 $V_{i,\mathrm{out}}$ 分别指流入与流出生产系统的水量。

公式(6-2)中的参数 α_i 的值域在 0～1，反映了水资源用户与所在地水资源压力之间的竞争关系，包含水资源的质量差异、季节性差异以及类型差异等影响因素，以类型差异为例：就同一地理区域而言，地表水和地下水具有不同的稀缺度，二者的水压力指数计算公式分别为

$$\alpha_{\mathrm{surface},i} = \frac{\mathrm{CU} \times \left(1 - f_{\mathrm{g}} \right)}{Q_{90}} \times P_i \tag{6-3}$$

$$\alpha_{\mathrm{GW},i} = \frac{\mathrm{CU} \times f_{\mathrm{g}}}{\mathrm{GWR}} \times P_i \tag{6-4}$$

式中，$\alpha_{\mathrm{surface},i}$ 和 $\alpha_{\mathrm{GW},i}$ 分别是地表水资源和地下水资源的压力指数；CU 是用户的耗水量；Q_{90} 是统计低径流量；f_{g} 是地下水的使用比例；GWR 是能够利用的地下可再生水；P_i 是水资源 i(类型)占总可利用水资源的比例。

有学者依据可用水资源的开采比例将水资源压力划分为不同水平：10%、20%、40%和 80%的开采率分别对应于低、中、较高和高水平水资源压力。类似于前文所述稀缺度特征化模型，一方面，水压力指标 WSI 反映了生产系统的水使用量与宏观地域尺度的水资源稀缺性之间的联系，其计算精度亦受限于水资源的区域特征数据的可获得性；另一方面，水压力指标 WSI 在描述废水返回自然水域后所导致的水资源可用性下降方面的可操作性较差。

6.1.2.4　热力学指标㶲

经历工业生产过程后，水资源通常将携带的各类污染物(如有机污染物、重金属离子等)返回自然水环境，从而产生环境影响。有学者提出可以选取生产排放水所含污染物化学㶲的总和作为水资源被污染程度的表征指标(得到水资源污染程度的综合单一值)，并发展了一系列相关计算方法。在我国，有学者将㶲引入区域水资源评价，建立了基于㶲理论的自然水资源品质表征模型，并应用于黄河、黄浦江等典型流域的水质分析；还有学者对全国资源消耗总量进行了㶲分析，结果表明 2005 年全国资源消耗总量为 192.9EJ，其中传统资源㶲消耗为 87.9EJ(矿物资源㶲65.2EJ，其他可再生资源㶲22.6EJ)，水资源㶲消耗为 105.1EJ，占资源消耗总量的 54.5%，此外，时间序列分析结果显示 2001～2005 年水资源消耗量在全国资源消耗总量中的占比基本稳定，尽管传统资源消耗量逐年升高，但始终低于水资源消耗量，水资源是全社会运行资源消耗结构中的重要组成部分。目前，采用热力学函数㶲分析水资源使用所产生环境影响的研究案例的基本思想均是从宏观层面量化生产行为对水资源的作用，而将㶲应用于流程层面水资源耗竭表征的研究尚未见报道。

上述各表征方法的理论基础之间存在明显区别，为研究水资源使用的环境影响提供了多种选择。就材料生命周期评价领域而言，尚缺乏一个既可以统一表征生产流程的水消耗与废水排放，又可以综合反映水资源在生产流程中的量变与质变的特征化模型。由前文中对各个水资源耗竭特征化模型的分析可知，热力学函数㶲的物理内涵满足材料生产流程水资源耗竭表征的理论需求，将宏观水资源耗竭㶲表征模型的基本分析思想拓展应用于材料生产流程，即可获得适用于材料生命周期评价的水资源耗竭㶲特征化模型。

6.2　面向材料生产流程的水资源耗竭表征模型

6.2.1　水资源在材料生产流程中的耗竭形式分析

如图 6-1 所示，经历材料生产流程后，水资源分别以废水(与污染物质混合)、蒸发损失(物理相变)和化学固化(化学反应)的途径进入自然水圈、自然大气圈和材料产品。相应地可将材料生产流程所造成的水资源耗竭分为三种方式:①混合溶解,即材料生产流程所产生的各类污染物混溶于水体之中使水资源偏离其自然化学状态。②蒸发损失,即生产流程中的水资源通过蒸发作用进入大气圈并逐渐达到其自然平衡态。尽管这部分水资源仍处在自然界水循环过程之中,具有再生属性,但一方面水体通过蒸发过程对外界做功,非生产性地消耗着生命周期系统中其他资源所提供的㶲(如化石能源提供热量使冷却水蒸发);另一方面,大约 80%的水资源经历循环过程后会稳定存在于海洋之中,其再生过程有资源代价(如海水淡化过程的资源投入)。③化学固化,即水分子储存状态发生变化或其化学键在材料生产流程所发生的化学反应中被破坏,分为结构破坏、结合水、层间水等。化学固化作用使水资源脱离了其自然循环圈,从而造成耗竭。

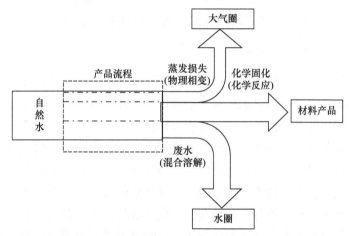

图 6-1 水资源在材料生产前后存在状态变化示意图

6.2.2 不同水资源耗竭形式的㶲分析

6.2.2.1 三种水资源耗竭形式的对比

图 6-1 所示的水资源多元耗竭形式是建立面向材料生产流程的水资源耗竭㶲表征模型的理论基础。

化学固化是水资源的真实耗竭途径,即化学固化导致自然水圈含水量的减少;尽管蒸发损失并不减少自然水圈的含水量,但是经蒸发后进入大气圈的水资源难以完全返还至其初始获取端(具体的地理流域),从而可能造成区域性、时间性的水资源耗竭。与上述两类耗竭形式不同,污水排放(经生产企业处理后的污水的污染物含量通常高于自然水体)将水资源直接返还至自然界水圈,然而,高浓度污染物的存在导致处于水圈中的受污染水体无法发挥其在自然界水循环中应起的作用, 这种水资源可用性的下降与排放水体被污染的程度有直接关系, 其表征方法也较另外两种水资源耗竭形式(化学固化与蒸发损失)更为复杂。如图 6-2 所示, 就建模共性而言, 水资源的三类耗竭均可被视为经生产利用后水体的理化状态与自然水体的理化状态之间的偏差, 是能够以㶲指标表征的资源品质的变化, 图中 ΔEx_1、ΔEx_2、ΔEx_3 定性表示了自然水资源经历不同耗竭形式的品质衰退。

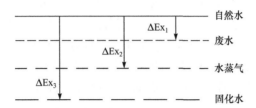

图 6-2　水资源被使用后偏离自然状态程度的示意图

6.2.2.2　废水排放的㶲分析

废水由材料生产系统排出后, 通常会携带重金属离子、磷酸盐、废弃有机杂质等有害物质返回至自然界水环境, 造成水质下降。通过计算废水与参考标准水体的化学㶲距离即可获得废水偏离自然水体的程度。

经过工业处理后, 污水中污染物浓度的绝对值较低(尽管仍高于自然水体), 为了提高计算的可行性, 可将其近似视作遵守拉乌尔定律、亨利定律的多元体系理想态稀溶液。废水与自然水体之间的差异主要体现为二者所含化学物质的浓度不同, 因此废水排放的㶲分析只涉及扩散化学㶲的计算。多元体系溶液扩散化学㶲是体系在约束性死态条件下的化学势 u_{i0} 与体系在自然条件下的化学势 u_i^0 之差, 计算溶液中各组成物质两种化学势的差值, 再对各项计算结果进行摩尔加权即可获得稀溶液的扩散㶲值, 如公式(6-5)~(6-7)所示:

$$u_{i0} = u_i\left(T_0, p_0\right) + RT_0 \ln x_{i0} \tag{6-5}$$

$$u_i^0 = u_i\left(T_0, p_0\right) + RT_0 \ln x_i^0 \tag{6-6}$$

$$e_D = \sum_{i=1}^{k} x_{i0}\left(u_{i0} - u_i^0\right) \tag{6-7}$$

式中, $u_i(T_0, p_0)$ 为温度 298.15K、1atm(1atm=1.013×10^5Pa)的组元 i 的化学势; R 为热力学常数; x_{i0} 是稀溶液中组元 i 的摩尔分数。

进一步推导稀溶液摩尔扩散㶲的计算公式(6-7), 可得稀溶液比标准化学㶲(specific standard chemical exergy, SSCE)的计算公式:

$$\text{SSCE} = RT_0 \sum_{i=1}^{k} x_{i0} \ln \frac{x_{i0}}{x_i^0} \tag{6-8}$$

式中，x_{i0} 和 x_i^0 分别代表组元 i 在约束性死态和基准环境中的摩尔分数。

　　材料生产流程所排放废水与基准参考态水资源之间的化学㶲距离，可通过本领域学者研究建立的比相对化学㶲(specific relative chemical exergy, SRCE)计算模型予以确定，如公式(6-9)所示：

$$\text{SRCE} = \text{SSCE}_i - \text{SSCE}_{i,\,\text{ref}} \tag{6-9}$$

式中，SSCE_i 与 $\text{SSCE}_{i,\,\text{ref}}$ 分别代表生产流程所排放废水的单位标准化学㶲与基准参考态水资源的单位标准化学㶲。

　　在此基础上，通过公式(6-10)即可计算获得废水偏离其自然状态的程度ΔEx_1：

$$\Delta\text{Ex}_1 = \text{SRCE} \tag{6-10}$$

6.2.2.3　蒸发损失的㶲分析

　　Szargut 所规定的参考环境选取大气圈中的饱和湿空气作为计算水的化学㶲值的基准物质，因此，水蒸气与基准物质之间只存在浓度差异，而不涉及化学反应，其化学㶲值为扩散㶲。此外，材料生产流程中与水资源蒸发相关的资源损失还包括蒸发过程所吸收的热能(此部分为物理㶲)，水资源蒸发的总㶲损失如公式(6-11)所示：

$$\Delta\text{Ex}_2 = \Delta H_{\text{vap}} + \int_{p}^{p_0 \times m \times \frac{w_{\text{a}}}{w_{\text{w}}}} \frac{nRT_0}{p} \, \mathrm{d}p \tag{6-11}$$

式中，ΔEx_2 代表水资源蒸发扩散至大气圈过程所造成的有用功㶲损失；ΔH_{vap} 为水资源的蒸发焓㶲，主要由生产系统所消耗的各类化石能源提供。为了避免重复计算，可将该损失项计入到生产流程所造成的化石能源耗竭中。公式后半部分为水蒸气扩散㶲的表达式，其中，m 为空气湿度；w_{a} 和 w_{w} 分别表示饱和湿空气和水蒸气的平均摩尔质量；p 为流程蒸汽压；n 为水蒸气物质的量；R 为热力学常数。

　　通过进一步推导，可将公式(6-11)转换为以下形式：

$$\Delta\text{Ex}_2 = -RT_0 \ln x_{\text{H}_2\text{O(g)}}^0 \tag{6-12}$$

式中，$x_{\text{H}_2\text{O(g)}}^0$ 是饱和湿空气中水蒸气的摩尔分数，大小为 0.0312。

　　通过公式(6-12)计算得到$\Delta\text{Ex}_2 = 8.6\text{kJ/mol}$，即单位质量水蒸气的扩散㶲(从大气圈中提取单位质量水蒸气所需投入的最小有用功)为 0.48MJ/kg。

6.2.2.4　化学固化的㶲分析

　　化学固化导致水资源脱离自然水循环过程，因此其所造成的资源损失量即为被固化水资源的化学㶲值。由前文第 2 章所阐述的相关计算方法可得纯水的标准化学㶲计算公式如下：

$$\mathrm{Ex}_{\mathrm{ch},\mathrm{H_2O}}^{\ominus} = \Delta_f G_m^{\ominus}(\mathrm{H_2O}) + 2E_m^{\ominus}(\mathrm{H}) + E_m^{\ominus}(\mathrm{O}) \tag{6-13}$$

式中，$\Delta_f G_m^{\ominus}(\mathrm{H_2O})$ 为 $\mathrm{H_2O}$ 的标准摩尔生成吉布斯自由能，数值为–228.547kJ/mol；$E_m^{\ominus}(\mathrm{H})$ 为 H 元素的标准化学㶲，数值为 117.575kJ/mol；$E_m^{\ominus}(\mathrm{O})$ 为 O 元素的标准化学㶲，数值为 1.977kJ/mol。

化学固化所造成的资源损失量可表示为

$$\Delta\mathrm{Ex}_3 = \mathrm{Ex}_{\mathrm{ch},\mathrm{H_2O}}^{\ominus} \tag{6-14}$$

通过以上公式计算得到纯水的标准化学㶲值为 8.580kJ/mol，即 $\Delta\mathrm{Ex}_3 = \mathrm{Ex}_{\mathrm{ch},\mathrm{H_2O}}^{\ominus} = 0.48\mathrm{MJ/kg}$。由此计算结果可知，蒸发损失与化学固化所造成的资源耗竭强度相同，这是因为蒸发后进入大气圈的水资源将逐渐达到与自然环境相平衡的化学状态，其与自然环境之间的化学偏差将消失，即化学㶲值完全耗散，这在数值上等同于使水资源脱离自然循环圈所造成的资源损失量。

6.2.3 水资源耗竭㶲表征指数 WRDI

材料生产流程所涉及的水资源转化途径包括本章上述全部类型的资源耗竭形式，例如，冶金生命周期中的电解水制氢反应，以及水泥混凝土制备过程所发生的水化反应，均会造成水资源的化学固化损失(化学键破坏)；钢铁生产系统的冷却用水会造成部分水资源的蒸发损失；废水排放(水资源可用性下降)则广泛地存在于各种材料的生产系统之中。

进一步推导公式(6-5)～(6-14)所示的水资源耗竭因子的计算过程，可得水资源耗竭指数(water resources depletion index, WRDI)，如公式(6-15)～(6-18)所示：

$$\mathrm{WRDI}_1 = \Delta\mathrm{Ex}_1 \times \sum m_i \tag{6-15}$$

$$\mathrm{WRDI}_2 = \Delta\mathrm{Ex}_2 \times \sum m_j \tag{6-16}$$

$$\mathrm{WRDI}_3 = \Delta\mathrm{Ex}_3 \times \sum m_k \tag{6-17}$$

$$\mathrm{WRDI} = \sum_{i=1}^{3} \mathrm{WRDI}_i \tag{6-18}$$

式中，WRDI_i 代表不同耗竭形式所造成的水资源耗竭指数；m_i、m_j 和 m_k 分别为生产系统中不同工序流程的废水排放量、水资源蒸发量以及水资源固化量。

需指明，公式(6-16)和公式(6-17)之间只存在水资源损失途径的差别，而不存在数值差别($\Delta\mathrm{Ex}_2$ 与 $\Delta\mathrm{Ex}_3$ 相等)，故在实际应用中，无须对化学固化和蒸发损失进行区分。

生产单位材料产品的水资源耗竭指数的数值大小反映了如下物理情景：将经历材料生产流程后的水体的化学状态恢复至其自然初态，即完全消除材料生产流程所造成的水资源影响，所需外界投入的最小有用功在数值上等于水资源耗竭指数。水资源耗竭指数能够客观反映出材料生产行为对水体资源属性的影响。

由于不同类型自然资源耗竭的物理共性均为化学㶲损失，因此可将水资源耗竭指数表征结果与矿产资源、化石能源耗竭的表征结果进行加和，如公式(6-19)所示，进一步丰富资源耗竭表征结果的内涵：

$$RDI=\sum WRDI_i + \sum Ex_{n,j}C_{n,j} + \sum CExD_{p,k}C_{p,k} \qquad (6-19)$$

式中，RDI 为综合自然资源耗竭潜力指标；$Ex_{n,j}$ 为矿产资源 j 的化学㶲因子；$C_{n,j}$ 为其消耗量；$CExD_{p,k}$ 为能源产品 k 的累积㶲需求因子；$C_{p,k}$ 为其消耗量。

6.3　基础水资源消耗清单的计算

6.3.1　计算模型的选取

第 4 章已系统论述了复杂物质流生产系统的生命周期清单的编制方法。将已建立的生命周期清单编制方法应用于描述材料生产系统的水资源流动即可获得材料生产生命周期水资源消耗清单。

传统研究通常采用基于流程分析的清单计算方法编制生产系统的直接新鲜水消耗量，如公式(6-20)所示：

$$V_{fres} = \sum (V_{draft} - V_e) \qquad (6-20)$$

式中，V_{fres} 代表生产系统的直接新鲜水消耗量；V_{draft} 为流入产品系统的水资源量(即从自然界直接开采的水资源量)；V_e 为最终流出产品系统的废水排放量。

基于流程分析的清单计算模型能够准确编制材料生产流程的水资源消耗量，然而却难以对材料生产上游经济部门的水资源消耗进行分析。由第 4 章中不同清单计算模型的对比分析可知，采用混合清单计算模型即可对材料生产流程及相关上游经济部门的资源消耗进行准确建模。

6.3.2　水资源消耗基础清单编制

在选定水资源消耗清单计算方法的基础之上，本节旨在确定材料生命周期上游各个阶段的水资源消耗量，丰富资源消耗表征模型的基础数据。具体计算内容包括：原煤等一次能源以及电力(火电)等二次能源生产的水资源消耗量；钢铁、有色金属等典型材料生产流程的污水排放清单。

6.3.2.1　工业水资源使用概况

相关统计数据显示我国工业耗水量占全社会耗水总量的约 1/4。耗水量排名前五位的工业部门依次为电力热力生产供应业(主要为火电)、黑色金属冶炼及压延加工业(主要为钢铁)、化学原料及化学制品制造业、石油加工/炼焦/核燃料加工业、造纸及纸制品业。上述重点耗水工业部门的年新鲜水消耗量占工业耗水总量的约 80%,其中排位第一的火力发电业占工业耗水总量的 40%、占全社会耗水总量的 10%左右。我国火力发电厂的用水结构如图 6-3 所示,由图可知,在火力发电过程中,冷却水消耗占耗水总量的 66%,因此蒸发损失是水资源耗竭的主要形式,也是材料生命周期水资源消耗计算边界内的重点分析对象。

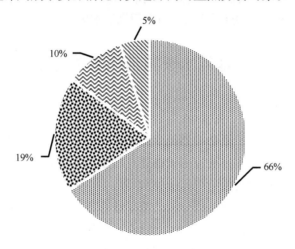

图 6-3　火力发电厂的用水结构

表 6-3 所列数据显示了我国全社会废水排放情况:废水排放总量高达 658.8 亿 t,其中工业源排放为 230.9 亿 t,占排放总量的 35%。表 6-4 为废水中重金属与其他污染物的含量,由表中数据可知工业生产是废水污染物的主要排放源。表 6-5 为材料及相关工业部门的废水排放情况,其中黑色金属冶炼及压延加工业位居废水排放量首位。

表 6-3　全社会废水排放情况

排放量	工业源	城镇生活源	合计
废水/亿 t	230.9	427.9	658.8

表 6-4 重金属与其他污染物排放量

类别	石油类	挥发酚	氰化物	砷	铅	镉	汞	总铬
工业源/t	20589.1	2410.5	215.4	145.2	150.8	35.1	1.2	290.3
集中式/t	423.0	20.0	2.5	1.4	44	0.8	0.2	2.9

表 6-5 材料及相关工业部门的废水排放情况

行业	废水排放量/万 t
黑色金属冶炼及压延加工业	106148
电力、热力生产和供应业	95575
有色金属矿采选业	50855
非金属矿物制品业	29440
有色金属冶炼及压延加工业	28835
黑色金属矿采选业	22766
非金属矿采选业	7368

6.3.2.2 基础能源生产水资源消耗清单

材料生产用能源主要包括原油、原煤、天然气等一次能源以及电力等二次能源。结合《中国投入产出表 2012》、《中国统计年鉴 2012》以及表 4-14(能源产品生命周期清单)中的相关数据,可获得我国不同基础能源生产部门的水耗系数,如表 6-6 所示。

表 6-6 我国基础能源生产部门的水资源消耗系数

项目	直接耗水系数	间接耗水系数	完全耗水系数	单位
煤炭开采和洗选	3.86×10^{-1}	9.64×10^{-1}	1.35	kg/kg
石油开采	4.86×10^{-1}	8.14×10^{-1}	1.30	kg/kg
天然气开采	4.52×10^{-1}	7.58×10^{-1}	1.21	kg/m³
电力生产	9.29	23.4	32.7	kg/(kW·h)

6.3.2.3 典型材料生产流程的污水排放清单

尽管我国工业废水的排放达标率已经超过 90%,但是废水的排放标准与地表自然水体的水质标准之间存在较大差距,经处理达标后的工业废水排放仍然会对自然水体产生一定的影响,造成自然水资源可用程度(品质)的下降。为了保证基础数据的真实性与权威性,可选取国家工业污染物排放标准作为编制污水排放清单的基础数据,如表 6-7 所示。

表 6-7 工业废水排放标准限值

项目	钢铁	铝	铁合金	煤炭采选	铁矿采选	单位
COD	$6.00×10^{-2}$	$6.00×10^{-2}$	$8.00×10^{-2}$	$6.00×10^{-2}$	$1.00×10^{-1}$	g-污染物/kg-工业废水
氨氮	$8.00×10^{-3}$	$8.00×10^{-3}$	$8.00×10^{-3}$	—	$2.00×10^{-2}$	g-污染物/kg-工业废水
总磷	$1.00×10^{-3}$	$1.00×10^{-3}$	$1.00×10^{-3}$	—	$1.00×10^{-3}$	g-污染物/kg-工业废水
Cu	$5.00×10^{-4}$	—	—	—	$1.00×10^{-3}$	g-污染物/kg-工业废水
Zn	$2.00×10^{-3}$	—	$2.00×10^{-3}$	$2.00×10^{-3}$	$5.00×10^{-3}$	g-污染物/kg-工业废水
As	$5.00×10^{-4}$	—	—	$5.00×10^{-4}$	$5.00×10^{-4}$	g-污染物/kg-工业废水
Hg	$5.00×10^{-5}$	—	—	$5.00×10^{-5}$	$5.00×10^{-5}$	g-污染物/kg-工业废水
Cd	$1.00×10^{-4}$	—	—	$1.00×10^{-4}$	$1.00×10^{-4}$	g-污染物/kg-工业废水
Cr	$5.00×10^{-4}$	—	$5.00×10^{-4}$	$5.00×10^{-4}$	$5.00×10^{-4}$	g-污染物/kg-工业废水
Pb	$1.00×10^{-3}$	—	—	$5.00×10^{-4}$	$1.00×10^{-3}$	g-污染物/kg-工业废水
氰化物	$5.00×10^{-4}$	$5.00×10^{-4}$	$5.00×10^{-4}$	—	—	g-污染物/kg-工业废水
挥发酚	$5.00×10^{-4}$	$5.00×10^{-4}$	$5.00×10^{-4}$	—	—	g-污染物/kg-工业废水
石油类	$5.00×10^{-3}$	$3.00×10^{-3}$	$5.00×10^{-3}$	$1.00×10^{-2}$	$1.00×10^{-2}$	g-污染物/kg-工业废水

项目	铅锌	铜镍钴	镁钛	稀土	单位
COD	$1.00×10^{-1}$	$1.20×10^{-1}$	$1.00×10^{-1}$	$8.00×10^{-2}$	g-污染物/kg-工业废水
氨氮	$1.50×10^{-2}$	$1.50×10^{-2}$	$1.50×10^{-2}$	$2.50×10^{-2}$	g-污染物/kg-工业废水
总磷	$1.50×10^{-3}$	$1.50×10^{-3}$	$1.50×10^{-3}$	$3.00×10^{-3}$	g-污染物/kg-工业废水
Cu	$5.00×10^{-4}$	$1.00×10^{-3}$	$5.00×10^{-4}$	—	g-污染物/kg-工业废水
Zn	$2.00×10^{-3}$	$2.00×10^{-3}$	—	$1.50×10^{-3}$	g-污染物/kg-工业废水
As	$5.00×10^{-4}$	$5.00×10^{-4}$	—	$3.00×10^{-4}$	g-污染物/kg-工业废水
Hg	$5.00×10^{-5}$	$5.00×10^{-5}$	—	—	g-污染物/kg-工业废水
Cd	$1.00×10^{-4}$	$1.00×10^{-4}$	—	$8.00×10^{-5}$	g-污染物/kg-工业废水
Cr	$5.00×10^{-4}$	—	$5.00×10^{-4}$	$3.00×10^{-4}$	g-污染物/kg-工业废水
Pb	$1.00×10^{-3}$	$1.00×10^{-3}$	—	$5.00×10^{-4}$	g-污染物/kg-工业废水
氰化物	—	—	—	—	g-污染物/kg-工业废水
挥发酚	—	—	—	—	g-污染物/kg-工业废水
石油类	—	$8.00×10^{-3}$	$8.00×10^{-3}$	$5.00×10^{-3}$	g-污染物/kg-工业废水

6.4 典型工业生产部门的水资源耗竭指数的计算

6.4.1 基础能源生产部门的水资源耗竭指数

本部分计算重点考虑水资源在基础能源生产过程中的蒸发损失。以水资源消耗清单为基础，应用公式(6-16)可计算获得单位能源产品生产的水资源耗竭指数，如表 6-8 与图 6-4 所示。

表 6-8 我国基础能源生产的水资源耗竭指数

项目	直接耗竭指数	间接耗竭指数	完全耗竭指数	单位
煤炭开采和洗选	0.185	0.463	0.648	MJ/kg
石油开采	0.233	0.391	0.624	MJ/kg
天然气开采	0.217	0.364	0.581	MJ/m^3
电力生产	4.46	11.2	15.7	MJ/(kW·h)

图 6-4 不同能源产品水资源耗竭指数对比

与第 4 章中不同能源产品生产资源消耗强度的对比分析结果相一致，图 6-4 表明电力生产的水资源耗竭强度明显高于其他能源产品生产的水资源耗竭强度。

6.4.2 典型材料工业废水排放的水资源耗竭指数

本部分内容以典型材料生产污水排放清单为数据基础，应用污水排放资源损失特征化模型，计算分析钢铁工业、铝工业、铁合金、煤炭工业、铁矿采选、铅锌工业、铜镍钴工业、镁钛工业以及稀土工业等典型材料工业的污水排放水资源耗竭指数。

6.4.2.1　水资源扩散化学㶲的计算基准

确定废水中各类污染物所对应的参考环境与基准物质是计算废水排放资源耗竭量的基础。由第2章所介绍的化学㶲计算的自然环境模型与基准物质体系可知,选取海洋圈及其化学成分作为污染物扩散化学㶲计算的参考环境和基准物质能够客观地反映污水排放对真实自然水环境的作用。表6-9为此部分计算所选取的海洋圈参考环境的具体化学组成(我国海水一类水质)。

表 6-9　海水一类水质的化学组成

项目	海水一类水质	单位
pH 值(无量纲)	7.8~8.5	—
COD	2	mg-物质/kg-海水
氨氮	0.2	mg-物质/kg-海水
总磷	0.015	mg-物质/kg-海水
Cu	0.005	mg-物质/kg-海水
Zn	0.02	mg-物质/kg-海水
As	0.02	mg-物质/kg-海水
Hg	0.00005	mg-物质/kg-海水
Cd	0.001	mg-物质/kg-海水
Cr	0.005	mg-物质/kg-海水
Pb	0.001	mg-物质/kg-海水
氰化物	0.005	mg-物质/kg-海水
挥发酚	0.005	mg-物质/kg-海水
石油类	0.05	mg-物质/kg-海水

6.4.2.2　标准参考水质的选取

选取地表三类水作为标准参考水质,其基本项目的标准限值见表6-10。选取的主要依据如下:地表三类水可用于集中式生活饮用水、鱼虾类越冬场、洄游通道、水产养殖区等渔业水域以及游泳区,相比于其他类型的地表水质,其应用领域广泛且具有代表性，例如，地表四类水仅可用于一般工业用水区以及人体非直接接触的娱乐用水区；此外，目前国际上已公开发表的相关论文多数选取生活饮用水作为标准参考水质，而我国地表三类水近似于生活饮用水，选取地表三类水作为标准参考水质，符合材料工业用水、排水的实际情况。

表 6-10　地表水环境质量标准限值

项目	1 类	2 类	3 类	4 类	5 类	单位
pH 值(无量纲)	6~9	6~9	6~9	6~9	6~9	—
COD	15	15	20	30	40	mg-物质/kg-地表水
氨氮	0.15	0.5	1	1.5	2	mg-物质/kg-地表水
总磷	0.02	0.1	0.2	0.3	0.4	mg-物质/kg-地表水
Cu	0.01	1	1	1	1	mg-物质/kg-地表水
Zn	0.05	1	1	2	2	mg-物质/kg-地表水
As	0.05	0.05	0.05	0.1	0.1	mg-物质/kg-地表水
Hg	0.00005	0.00005	0.0001	0.001	0.001	mg-物质/kg-地表水
Cd	0.001	0.005	0.005	0.005	0.01	mg-物质/kg-地表水
Cr	0.01	0.05	0.05	0.05	0.1	mg-物质/kg-地表水
Pb	0.01	0.01	0.05	0.05	0.1	mg-物质/kg-地表水
氰化物	0.005	0.05	0.02	0.2	0.2	mg-物质/kg-地表水
挥发酚	0.002	0.002	0.005	0.01	0.1	mg-物质/kg-地表水
石油类	0.05	0.05	0.05	0.5	1	mg-物质/kg-地表水

6.4.2.3　废水排放的水资源耗竭指数

废水排放的水资源耗竭指数等于生产单位产品的废水排放量与单位废水中所含污染物总扩散㶲的乘积。应用水资源耗竭表征模型中废水排放形式的表征方法，首先以自然海洋圈为基准环境，计算得到不同水体中各类污染物的摩尔扩散㶲，如表 6-11 所示，在此基础上，进一步计算得到钢铁、有色金属、稀土等材料生产过程所排废水的单位标准化学㶲，如表 6-12 与图 6-5 所示。由图 6-5 可知，材料生产所排废水的扩散㶲明显高于标准水质，这表明材料生产会造成水资源品质的下降。

表 6-11　不同水体中各类污染物的摩尔扩散㶲　　　（单位：J/mol）

项目	1类	2类	3类	4类	5类	钢铁企业	铝工业
COD	$8.43×10^{-2}$	$8.43×10^{-2}$	$1.28×10^{-1}$	$2.27×10^{-1}$	$3.34×10^{-1}$	$5.69×10^{-1}$	$5.69×10^{-1}$
氨氮	$-6.21×10^{-5}$	$6.59×10^{-4}$	$2.32×10^{-3}$	$4.35×10^{-3}$	$6.63×10^{-3}$	$4.25×10^{-2}$	$4.25×10^{-2}$
总磷	$8.28×10^{-6}$	$2.73×10^{-4}$	$7.46×10^{-4}$	$1.29×10^{-3}$	$1.89×10^{-3}$	$6.04×10^{-3}$	$6.04×10^{-3}$
Cu	$4.83×10^{-6}$	$3.69×10^{-3}$	$3.69×10^{-3}$	$3.69×10^{-3}$	$3.69×10^{-3}$	$1.61×10^{-3}$	—
Zn	$3.14×10^{-5}$	$2.69×10^{-3}$	$2.69×10^{-3}$	$6.32×10^{-3}$	$6.32×10^{-3}$	$6.32×10^{-3}$	—
As	$2.73×10^{-5}$	$2.73×10^{-5}$	$2.73×10^{-5}$	$9.57×10^{-5}$	$9.57×10^{-5}$	$9.57×10^{-4}$	—
Hg	$-1.76×10^{-14}$	$4.18×10^{-16}$	$1.54×10^{-8}$	$6.65×10^{-7}$	$6.65×10^{-7}$	$7.67×10^{-5}$	—
Cd	$-6.32×10^{-13}$	$3.21×10^{-6}$	$3.21×10^{-6}$	$3.21×10^{-6}$	$9.17×10^{-6}$	$1.83×10^{-4}$	—
Cr	$5.95×10^{-6}$	$9.88×10^{-5}$	$9.88×10^{-5}$	$9.88×10^{-5}$	$2.57×10^{-4}$	$1.98×10^{-3}$	—
Pb	$4.96×10^{-6}$	$4.96×10^{-6}$	$4.22×10^{-5}$	$4.22×10^{-5}$	$9.93×10^{-5}$	$1.49×10^{-3}$	—
氰化物	$-1.26×10^{-11}$	$1.83×10^{-4}$	$4.42×10^{-5}$	$1.18×10^{-3}$	$1.18×10^{-3}$	$3.67×10^{-3}$	$3.67×10^{-3}$
挥发酚	$-8.70×10^{-7}$	$-8.70×10^{-7}$	$-7.30×10^{-13}$	$3.29×10^{-6}$	$1.42×10^{-4}$	$1.09×10^{-3}$	$1.09×10^{-3}$
石油类	$-2.36×10^{-11}$	$5.60×10^{-13}$	$-4.57×10^{-12}$	$3.42×10^{-4}$	$8.91×10^{-4}$	$6.85×10^{-3}$	$3.65×10^{-3}$
H₂O	$-3.62×10^{-2}$	$-3.83×10^{-2}$	$-5.31×10^{-2}$	$-8.30×10^{-2}$	$-1.12×10^{-1}$	$-1.80×10^{-1}$	$-1.76×10^{-1}$

项目	1类	2类	3类	4类	5类	钢铁企业	铝工业
COD	$8.23×10^{-1}$	$5.69×10^{-1}$	1.09	1.09	1.37	1.09	$8.23×10^{-1}$
氨氮	$4.25×10^{-2}$	—	$1.33×10^{-1}$	$9.32×10^{-2}$	$9.32×10^{-2}$	$9.32×10^{-2}$	$1.74×10^{-1}$
总磷	$6.04×10^{-3}$	—	$6.04×10^{-3}$	$9.94×10^{-3}$	$9.94×10^{-3}$	$9.94×10^{-3}$	$2.29×10^{-2}$
Cu	—	—	$3.69×10^{-3}$	$1.61×10^{-3}$	$3.69×10^{-3}$	$1.61×10^{-3}$	
Zn	$6.32×10^{-3}$	$6.32×10^{-3}$	$1.90×10^{-2}$	$6.32×10^{-3}$	$6.32×10^{-3}$	—	$4.45×10^{-3}$
As	—	$9.57×10^{-4}$	$9.57×10^{-4}$	$9.57×10^{-4}$	$9.57×10^{-4}$	—	$4.83×10^{-4}$
Hg	—	$7.67×10^{-5}$	$7.67×10^{-5}$	$7.67×10^{-5}$	$7.67×10^{-5}$	—	
Cd	—	$1.83×10^{-4}$	$1.83×10^{-4}$	$1.83×10^{-4}$	$1.83×10^{-4}$	—	$1.40×10^{-4}$
Cr	$1.98×10^{-3}$	$1.98×10^{-3}$	$1.98×10^{-3}$	$1.98×10^{-3}$	0	$1.98×10^{-3}$	$1.05×10^{-3}$
Pb	—	$6.70×10^{-4}$	$1.49×10^{-3}$	$1.49×10^{-3}$	$1.49×10^{-3}$	—	$6.70×10^{-4}$
氰化物	$3.67×10^{-3}$	—	—	—	—	—	
挥发酚	$1.09×10^{-3}$	—	—	—	—	—	
石油类	$6.85×10^{-3}$	$1.58×10^{-2}$	$1.58×10^{-2}$	—	$1.21×10^{-2}$	$1.21×10^{-2}$	$6.85×10^{-3}$
H₂O	$-2.34×10^{-1}$	$-1.67×10^{-1}$	$-3.11×10^{-1}$	$-2.99×10^{-1}$	$-3.57×10^{-1}$	$-3.00×10^{-1}$	$-2.61×10^{-1}$

表 6-12　地表水与材料生产排放废水的单位标准化学㶲

水质类别	单位标准化学㶲SSCE/(J/kg)
1类	2.67
2类	2.98
3类	4.72
4类	8.95
5类	13.5
钢铁	25.7
铝工业	25
铁合金	36.5
煤炭工业	23.8
铁矿采选	53.4
铅锌工业	50.4
铜镍钴工业	63.4
镁钛工业	50.6
稀土工业	42.9

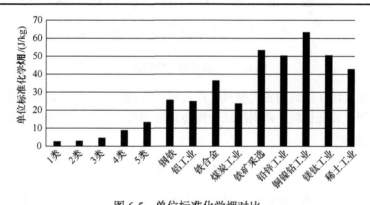

图 6-5　单位标准化学㶲对比

根据公式(6-9)计算得到钢铁、煤炭、有色金属和稀土等各类材料生产排放废水的单位相对化学㶲(SRCE, 即水资源耗竭指数), 如表 6-13 和图 6-6 所示, 其数值大小反映了废水中污染物浓度超过参考标准水态的程度。最终计算结果表明, 铜镍钴生产所造成的水资源耗竭程度(以废水排放形式)最大, 为 58.6J/kg, 即将单位质量污水恢复至其自然状态所需投入的最小有用功为 58.6J。

表 6-13　材料生产排放废水的单位相对化学㶲

工业废水类别	单位相对化学㶲/(J/kg)
钢铁	21
铝工业	20.3
铁合金	31.8
煤炭工业	19.1
铁矿采选	48.7
铅锌工业	45.7
铜镍钴工业	58.6
镁钛工业	45.8
稀土工业	38.2

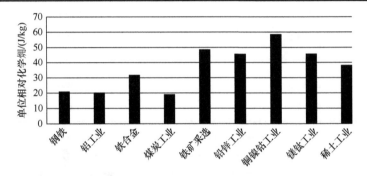

图 6-6　单位相对化学㶲值对比

　　基于以上计算得到的各类材料生产过程所排放污水的单位相对化学㶲值可被进一步应用于表征材料生命周期综合资源耗竭强度，为完善资源评价指标提供理论数据支持。

参 考 文 献

国家统计局，环境保护部，2013. 中国环境统计年鉴 2012. 北京: 中国统计出版社.

国家统计局能源统计司，2012. 中国能源统计年鉴 2012. 北京: 中国统计出版社.

国家统计局国民经济核算司，2012. 中国投入产出表 2012. 北京: 中国统计出版社.

黄丽卿，栾胜基，陈国谦，2007. 基于㶲分析的水质评价研究: 以上海市黄浦江为例. 中国矿业大学学报, 36(2): 215-220.

黄少良，杜冲，李伟群，2013. 工业水足迹理论与方法浅析. 生态经济, 1: 28-31.

李磊，赵培培，2011. 中国工业废水治理效率评价.资源开发与市场, 27(12): 1093-1095.

刘军，谢锐，王腊芳，2011. 中国钢铁产业链各环节附加值的国际比较.财经理论与实践, 32(2): 115-119.

刘俊国，曾昭，赵乾斌, 2011. 水足迹评价手册. 北京：科学出版社.

王宏涛, 2016. 材料生命周期评价的水资源耗竭熵表征模型研究及其应用. 北京: 北京工业大学.

徐匡迪，蒋国昌, 2000. 中国钢铁工业的现状和发展.中国工程科学, 2(7): 1-9.

尹婷婷，李恩超，侯红娟, 2012. 钢铁工业产品水足迹研究. 宝钢技术, (3)：25-28.

《中国钢铁工业年鉴》编辑委员会, 2014. 中国钢铁工业年鉴 2014. 北京: 冶金工业出版社.

中华人民共和国国家标准, 2002. 地表水环境质量标准(GB 3838—2002). 北京：中国环境科学
　　出版社.

中华人民共和国国家标准, 2012. 钢铁工业水污染物排放标准(GB 13456—2012). 北京：中国环
　　境科学出版社.

中华人民共和国国家标准, 1997. 海水水质标准(GB 3097—1997). 北京: 中国环境科学出版社.

中华人民共和国国家标准,2010 铝工业污染物排放标准(GB 25465—2010). 北京: 中国环境科学
　　出版社.

中华人民共和国国家标准, 2006. 煤炭工业污染物排放标准(GB 20426—2006). 北京: 中国环境
　　科学出版社.

中华人民共和国国家标准, 2010. 镁、钛工业污染物排放标准(GB 25465—2010). 北京: 中国环
　　境科学出版社.

中华人民共和国国家标准, 2010. 铅、锌工业污染物排放标准(GB 25466—2010). 北京: 中国环
　　境科学出版社.

中华人民共和国国家标准, 2012. 铁合金工业污染物排放标准(GB 28666—2012). 北京: 中国环
　　境科学出版社.

中华人民共和国国家标准, 2012. 铁矿采选工业污染物排放标准(GB 28661—2012). 北京: 中国
　　环境科学出版社.

中华人民共和国国家标准, 2010. 铜、镍、钴工业污染物排放标准(GB 25467—2010). 北京: 中
　　国环境科学出版社.

中华人民共和国国家标准, 2011. 稀土工业污染物排放标准(GB 26451—2011). 北京: 中国环境
　　科学出版社.

左其亭，窦明，马军霞, 2008. 水资源学教程. 北京：中国水利水电出版社.

Alcamo J, Döll P, Henrichs T, et al., 2003. Development and testing of the WaterGAP 2 global model
　　of water use and availability. Hydrological Sciences Journal, 48(3): 317-337.

Boulay A, Bulle C, Bayart J, et al., 2011. Regional characterization of freshwater use in LCA:
　　modeling direct impacts on human health. Environ. Sci. Technol, 45(20): 8948-8957.

Cai Z, Yang Q, Zhang B, et al., 2009. Water resources in unified accounting for natural resources.
　　Commun. Nonlinar. Sci. Numer. Simulat., 14(9-10): 3693-3704.

Canals L, Burnip G M, Cowell S J, 2006. Evaluation of the environmental impacts of apple
　　production using life cycle assessment (LCA): case study in New Zealand. Agric. Ecosyst.
　　Environ., 114: 226-238.

Canals L, Chenoweth J, Chapagain A, et al., 2009. Assessing freshwater use impacts in LCA: Part
　　I—inventory modelling and characterisation factors for the main impact pathways. Int. J. Life
　　Cycle Assess, 14(1): 28-42.

Canals L, Domènech X, Rieradevall J, et al., 2002. Use of life cycle assessment in the procedure for the establishment of environmental criteria in the Catalan eco-label of leather. Int. J. Life Cycle Assess, 7(1): 39-46.

Chen B, Chen G, Hao F, et al., 2009. The water resources assessment based on resource exergy for the mainstream Yellow River. Communications in Nonlinear Science and Numerical Simulation, 14(1): 331-344.

Chen G, Ji X, 2007. Chemical exergy based evaluation of water quality. Ecological Modelling, 200(1-2): 259-268.

Döll P, 2009. Vulnerability to the impact of climate change on renewable groundwater resources: a global-scale assessment. Environ. Res. Lett., 4(3): 035006.

Dong H, Geng Y, Sarkis J, 2013. Regional water footprint evaluation in China: a case of Liaoning. Science of the Total Environment, 442: 215-224.

Hellström D, 2003. Exergy analysis of nutrient recovery processes. Water Science and Technology, 48(1):27-36.

Huang L, Chen G, Zhang Y, et al., 2007. Exergy as a unified measure of water quality. Communications in Nonlinear Science and Numerical Simulation, 12(5): 663-672.

Johnson B, 1994. Inventory of land management inputs for producing absorbent fiber for diapers: a comparison of cotton and softwood land management. For. Prod. J., 44(6): 39-45.

Martínez A, Uche J, 2010. Chemical exergy assessment of organic matter in a water flow. Energy, 35(1): 77-84.

Muñoz I, Rieradevall J, Domènech X, et al., 2006. Using LCA to assess eco-design in the automotive sector: case study of a polyolefinic door panel. Int. J. Life Cycle Assess, 11(5): 323-334.

Owens J W, 2001. Water resources in life-cycle impact assessment: Considerations in choosing category indicators. J. Ind. Ecol., 5(2): 37-54.

Pfister S, Koehler A, Hellweg S, 2009. Assessing the environmental impacts of freshwater consumption in LCA. Environ. Sci. Technol., 43(11): 4098-4104.

Zaleta-aguilar A, Ranz L, Valero A, 1998. Towards a unified measure of renewable resources availability: the exergy method applied to the water of a river. Energy Conversion and Management, 39(16-18): 1911-1917.

Zhang Z, Shi M, Yang H, 2012. Understanding Beijing's water challenge: a decomposition analysis of changes in Beijing's water footprint between 1997 and 2007. Environment Science and Technology, 46(22): 12373-12380.

第 7 章　典型污染物排放资源损害的㶲表征

常用生命周期环境影响评价模型将环境影响类型区分为生产过程输入端的资源耗竭问题、生产过程输出端的环境释放问题，而不考虑两大类环境问题之间的科学关联。本章以污染物暴露的自然资源损害潜力为基础，建立可将污染物排放量转化为自然生物资源损失量的环境释放㶲表征模型。针对两类典型气体污染物(氮氧化物与硫氧化物)，结合我国不同地理区域的生态环境特征，获得了各省份的区域㶲特征化因子，在理论上阐明了环境释放问题的资源内涵。用所建立的模型分析材料生产流程耗能所造成的污染物排放对生态资源的损害潜力，量化在材料生产流程应用污染物减排处置技术的生命周期资源节约效益，为进一步完善、实践材料生产全生命周期资源耗竭表征模型提供数据与方法支持。

7.1　环境释放与资源耗竭

7.1.1　㶲导向的环境影响分类

从㶲的角度分析，不同环境影响类型可被分为以下两类：第一类是消耗资源所造成的耗竭影响，其实质是自然环境中某些有用物质的储量、浓度不断降低；第二类是排放污染物所造成的环境影响，即人类生产活动导致环境中部分化学物质浓度升高，进而产生环境危害，包括除却资源耗竭以外的所有环境影响类型(温室效应、酸化等)。本章将重点阐述第二种环境影响类型的㶲表征思路及相应计算模型。

7.1.2　环境影响与资源损失

以㶲函数为基础表征污染物环境影响包括以下三种实践思路：第一种思路认为污染物环境影响潜力的物理内涵，是其与自然环境物质库之间的化学状态偏差，因此可选取污染物本身的㶲值作为度量其环境影响的指标；第二种思路是以消除排放物所需投入的资源㶲值间接表征该污染物所造成的环境影响；第三种思路是直接计算污染物环境暴露所造成的生物资源㶲损失。

上述三种实践思路中的前两种存在以下理论缺陷。

就第一种实践思路而言，虽然排放物本身的㶲值表示其可能造成的环境影响的"势"，但排放物与自然环境之间复杂的相互作用使得其可能造成的环境影响并不局限于生命周期评价体系中该排放物所涉及的环境影响类型。因此，排放物本身的㶲值仅能体现排放物暴露所造成环境影响的"泛化总值"。尽管排放物所涉及的全部环境影响类型均被包含在这一"泛化总值"之中，但这一总值却无法准确表达排放物对某一具体环境影响类型的贡献。

以甲烷和二氧化碳的温室效应特征化因子为例对此问题进行说明。通过分析不同温室气体吸收红外辐射的能力，可获得甲烷的温室效应特征化因子为 $25kg\text{-}CO_2eq$(100 年)，然而，若考虑甲烷与二氧化碳各自的总环境影响潜力，即以排放物本身的㶲值作为特征化因子的计算基准，那么甲烷对二氧化碳的当量因子则变为 $115kg\text{-}CO_2eq$，这一总环境影响特征化因子是温室效应特征化因子(具体环境影响类型)的 4~5 倍。

此外，对于可能造成多种环境影响类型的排放物，其㶲值无法体现排放物针对不同环境影响类型的特征化因子之间的区别。例如，二氧化硫可能造成酸化效应(AP)、光化学烟雾(POCP)和人体健康损害(HTP)三种环境影响类型，相应特征化因子分别为：$1.00kg\text{-}SO_2eq$、$0.048kg\text{-}C_2H_4eq$ 和 $0.096kg\text{-}1,4$ 二氯苯 eq，而二氧化硫的㶲值($4.89kJ/g$)则无法体现其针对不同环境影响类型的特征化因子。

第二种实践思路将排放物所具有的㶲值视为"负"，以收集、处置排放物所消耗各类自然资源的㶲值为基础，表征排放物的潜在环境影响。此种方法以处理污染物的附加资源为代价，而非以污染物所造成的真实环境影响为表征基础。考虑到我国当前情况，脱硫、脱硝技术在各个工业生产领域的普遍应用使得这类方法对于二氧化硫、氮氧化物排放所造成环境影响的表征具有一定的实际意义，然而，这类方法并不适用于表征在实际生产过程中未被收集处置而直接被排放至自然环境的污染物的环境影响。此外，仅当污染物处置技术发展稳定时，确定消除排放物环境影响所需投入的附加资源量才有实际意义，若污染物处置工艺仍处于改进阶段，则难以获得稳定的特征化因子体系。

相比而言，第三种实践思路的理论依据最为明确，即以污染物暴露所造成的生态资源损失为度量指标，量化不同类型污染物的环境影响潜力，可应用于定量分析材料生产过程所排放污染物(而非产生的污染物)的资源损害。

7.1.3　基于㶲的生态系统质量表征

采用㶲函数表征排放物资源损害的关键问题是如何科学地量化生态系统中生物群落的资源属性。作为能够综合反映生态系统的复杂度等级并解析其内部结构关联的指标，㶲函数被广泛应用于各类生态系统评价。国内外相关学者在该领域所取得的系列成果可作为建立排放物资源损害㶲表征模型的理论基础。

Xu 等采用包括㶲指标在内的多维指标体系研究了典型湖泊生境的富营养化

状态，评价了淡水生态系统的健康程度，并与应用其他方法所得结果进行了对比分析；Fabiano 等研究了底栖群落的㶲值随营养梯度的变化规律；Jorgensen 提出了以㶲函数度量生态系统健康程度的标准方法，并将其应用于 15 个湖泊生境的健康程度对比分析，检验了方法的有效性与合理性。在我国，胡志新等将该方法应用于研究太湖梅梁湾地区生态系统健康程度的周年变化规律；龙邹霞将㶲方法应用于研究湖泊生态系统的弹性系数理论；章飞军等采用㶲方法研究了长江口潮间带大型底栖动物群落的演替轨迹。

总体而言，现有研究表明，㶲函数可用于表征生态系统的发展演化状态，解析生态系统的内部结构(生态系统所蕴含信息量的等级)。采用㶲方法量化生态系统的健康程度，进而表征被排放至生态系统中的污染物的资源损害潜力是合理的。

7.2 材料制备流程污染物排放资源损害的表征方法

7.2.1 基于㶲的污染物环境影响评价指标

污染物排放将在自然环境中造成生物资源损害。依据前文所介绍的第三种实践思路，应选取生物资源㶲的减少量作为表征污染物排放环境影响的指标，即认为污染物排放所造成的环境影响的物理内涵是自然环境中生物资源量的减少。

由上述内容可知，材料生产过程中的资源输入与污染释放分别对应于非生物资源耗竭和生物资源耗竭，二者均属于自然资源耗竭这一综合指标。因此，理论上讲，综合自然资源耗竭指标包含了材料生产过程所造成的全部环境影响类型，如图 7-1 所示。

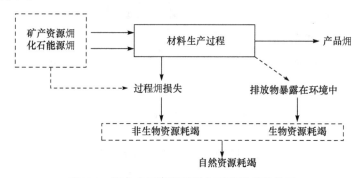

图 7-1 综合自然资源耗竭与环境影响的关系

7.2.2 基于㶲的生物资源耗竭特征化方法

生态系统作为一种高度自组织结构，其组建和破坏过程均需要消耗大量能量。生态系统㶲值是表征生态系统发展程度的指标，反映了生态系统抵抗外部冲击的能力(完全破坏生态系统的困难程度)。此外，对于处在生态系统中的生物个体而言，其㶲值代表了生物个体与基准态之间的不平衡程度(生物体的有序度)，㶲值越大，生物体的结构越复杂，且物种竞争能力越强。污染物在生态系统中暴露所造成的生物体损害越严重，则生态系统的㶲损失量与污染物的环境影响特征化因子越大。

图 7-2 表示了产品全生命周期过程所引起的不同活动范畴之间的资源流动与交换关系。图中，R_{sun} 代表地球所接收的太阳辐射㶲，R_{prod} 代表生态系统的资源生产速率，R_{cons} 代表资源消耗量，P_{prod} 代表生产系统的资源输出量，P_{cons} 代表消费圈的资源消耗速度，$E_{from\ tech}$ 代表生产系统的排放量，$E_{from\ soc}$ 代表消费圈的排放量，$E_{into\ eco}$ 代表生产行为对生态系统的排放量，$E_{into\ soc}$ 代表生产行为对消费圈的排放量。

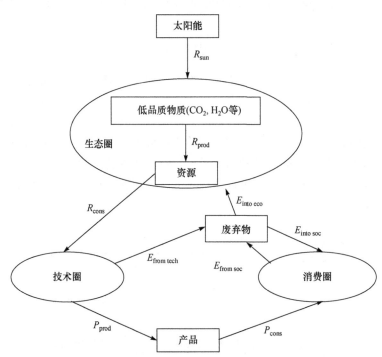

图 7-2　产品全生命周期过程在不同活动范畴内的资源流动与交换

由如图 7-2 所示的资源流动关系可知，生态系统的总㶲值可表示为如式(7-1)所示的时间相关函数：

$$\frac{dEx_{eco}}{dt} = (R_{sun} - I_1) - R_{cons} + (E_{into\ eco} - I_2) \tag{7-1}$$

生产圈内的㶲储存量可表示为资源输入量、产品输出量、排放量以及不可逆损失量之间的平衡关系：

$$\frac{\mathrm{dEx_{tech}}}{\mathrm{d}t} = R_{\mathrm{cons}} - P_{\mathrm{prod}} - E_{\mathrm{from\,tech}} - I_3 \tag{7-2}$$

消费圈(社会圈)内的㶲变化分为资源消耗与污染物暴露两方面，其随时间变化关系如下：

$$\frac{\mathrm{dEx_{soc}}}{\mathrm{d}t} = \left(P_{\mathrm{cons}} - E_{\mathrm{from\,soc}} - R_{\mathrm{cons}} - I_4\right) + \left(E_{\mathrm{into\,soc}} - I_5\right) \tag{7-3}$$

结合以上各式，产品生命周期过程所造成的总㶲损失可表示为

$$\frac{\mathrm{dEx_{globe}}}{\mathrm{d}t} = R_{\mathrm{sun}} - I_1 - I_2 - I_3 - I_4 - I_5 \tag{7-4}$$

从投入-产出角度分析生产系统，则产品生命周期过程的综合资源转化效率可被定义为

$$\alpha = \frac{R_{\mathrm{prod}}}{R_{\mathrm{cons}}} \tag{7-5}$$

当公式(7-5)所表达的资源效率接近 1 时，生产系统近似可逆，所造成的资源耗散程度较低；而资源效率接近 0 则意味着自然资源在生产过程中的绝对耗散。

结合公式(7-4)与(7-5)可知

$$R_{\mathrm{sun}} - I_1 = \alpha R_{\mathrm{cons}} \tag{7-6}$$

生产过程与消费过程所造成的资源损失可分别被表示为

$$I_3 = R_{\mathrm{cons}} - E_{\mathrm{from\,tech}} - P \tag{7-7}$$

$$I_4 = P - E_{\mathrm{from\,soc}} \tag{7-8}$$

将公式(7-6)~(7-8)代入公式(7-4)可得

$$\frac{\mathrm{dEx_{globe}}}{\mathrm{d}t} = (\alpha - 1)R_{\mathrm{cons}} - I + E \tag{7-9}$$

污染物排放所造成的㶲损失可表示为

$$\varepsilon = \frac{1 - E}{E} \tag{7-10}$$

代入公式(7-9)可得

$$\frac{\mathrm{dEx_{globe}}}{\mathrm{d}t} = (\alpha - 1)R_{\mathrm{cons}} - \varepsilon E \tag{7-11}$$

公式(7-11)所表达的污染物排放资源损害的计算方法的具体实施需要以面积损失指标与寿命损失指标的㶲转化为基础，如分别以质量为单位与以㶲为单位的

公式(7-12)与公式(7-13)所示：

$$\left(\frac{\partial M_{eco}}{\partial t}\right)_{exposure} = -\text{ERR} \times \text{EDE} \times E' \tag{7-12}$$

$$\left(\frac{\partial \text{Ex}_{eco}}{\partial t}\right)_{exposure} = -\text{ERR} \times \text{EDE} \times E' \times e_{eco} \tag{7-13}$$

在现有相关毒理学分析模型中，污染物排放对生态系统与人类(人体健康损害，human toxicity potential, HTP)的损害效应分别表现为一定时间段内的面积损失和寿命损失，将这一表达模式(面积损失和寿命损失)转化为资源㶲损失是建立污染物排放㶲表征模型的理论基础。假设某一生态系统长期处于动态平衡状态，即年产生物量与年代谢生物量相等，则可利用生产力表示生态系统的资源更新率。生态损害影响(ecological damage effect, EDE)代表一定时间内单位质量污染物暴露所造成的生态系统面积损失量，数值上等于该污染物的潜在植被消失因子(potentially disappeared fraction of the vegetation，PDF)与时间和面积的乘积。由上述概念可知，污染物排放造成的生态系统资源㶲损失可通过公式(7-14)计算获得

$$\varepsilon'_{eco} = \text{ERR} \times \text{EDE} \times e_{eco} \tag{7-14}$$

式中，ε'_{eco}代表排放单位质量污染物所造成的生态系统资源㶲损失(J/kg)；e_{eco}为生态系统的㶲含量(J/kg)。

7.2.2.1　生态系统具有的㶲值计算

生物资源的㶲值可近似地通过生物量与 Kullback 信息量的乘积获得。一个生态系统所容纳的生物量越大，则其所蕴含的信息量与生物资源㶲值越大、组织性及有序化程度越高、稳定性越强。在自然演化过程中，生态系统始终向㶲值最大化方向发展，因此，凭借㶲指标能够准确度量生态系统在时间尺度上的发展状态。

生物体的㶲值可被表达为其密集度 C_i 与权重因子 β_i 的乘积，其中参数 β_i 反映了生物体内 DNA 所蕴含的信息量。某一生态系统的总体资源㶲值计算如公式(7-15)所示：

$$\text{Ex} = \sum_{i=0}^{n} \beta_i C_i \tag{7-15}$$

表 7-1 为基于碎屑当量计算得到的常见植物物种的 β 值，碎屑所具有的平均㶲值设定为 18.7kJ/g。某一物种所具有的资源㶲值为该物种的生物量与其 β 值以及碎屑㶲值的乘积。

表 7-1 常见植物物种的 β 值

植物物种	权重因子(β)
被子植物	147
红藻植物	92
苔藓植物	173
蕨类植物	146
裸蕨植物	170
裸子植物(包括松属)	314
杂草	147
稻米	275
双子叶植物	268
单子叶植物	393

生物资源烟值的计算过程高度依赖于权重因子 β。在该研究领域发展初期，有学者根据储存于有机体内的基因信息确定权重因子 β 的数值，此计算方法仅考虑了生物体内蛋白类物质的烟值，而忽略了生物体内其他化学物质的资源属性(如激素)。随后，有学者通过不同食性类群代码基因方法以及水平提升的基因组尺度对烟权重因子进行了更为精准的研究；Jorgensen 等利用全基因测序工程所公开的相关信息，以及 β 值与生物复杂性测度之间的相关性，改进了权重因子 β 的计算方法。同时，有研究表明，β 值计算方法的选取对生态系统烟值计算结果的影响很小。常见植物的 β 值如表 7-1 所示。

采用裸子植物与被子植物 β 参数的平均值作为计算基准，可得生态系统的平均烟值为 4587.7MJ/kg。

7.2.2.2 各类型生态系统的生产力

森林是最重要的陆地生态系统种类，与其他陆地生态系统相比，森林生态系统具有复杂的参差结构、较长的生命周期以及巨大的生物量和自然生产力，是陆地生物群体积累光合产品的重要场所，也是陆地生态系统中最大的碳库。森林生态系统极易受到系统外自然环境与人类活动的干扰而发生剧变。我国国土面积广阔，地理环境跨越温带与热带之间的各个气候带，拥有丰富多样的生态类型，乔木种类繁多，森林资源丰富。

方精云等通过国家森林资源清查资料与全国各个地理区域的生态系统生产力研究资料，建立了生物量与蓄积量之间的定量关系，推算了全国森林生态系统所包含的生物量，并以生物量与生产力之间的关系为基础，进一步确定了各省份森林生态系统的平均生产力，如表 7-2 所示。

表 7-2　各省份森林生态系统的平均生产力

省份	总面积/($\times 10^4$hm²)	生物量合计/($\times 10^6$t)	森林生产力/($\times 10^6$t)
北京	13.11	8.644	1.07
天津	3.62	2.945	0.42
河北	123.53	67.354	10.883
山西	88.77	46.632	7.267
辽宁	276.96	210.083	22.859
吉林	618.82	780.3	64.811
黑龙江	1555.21	1476.33	163.724
内蒙古	1294.33	920.218	133.39
陕西	434.66	366.926	39.8
甘肃	195.02	177.364	21.243
宁夏	10.73	8.24	1.115
青海	26.03	24.435	2.43
西藏	311.41	438.073	30.489
新疆	143.75	159.769	14.4
四川+重庆	983.85	1033.25	94.142
贵州	195.52	154.853	18.302
云南	856.33	1027.88	86.288
山东	73	31.111	4.141
上海	0.22	0.134	0.021
江苏	21.77	10.225	2.143
安徽	176.45	111.494	16.365
浙江	284.44	99.882	24.918
江西	435.68	206.857	37.445
福建	382.84	240.652	44.662
河南	123.57	69.992	11.251
湖北	321.81	171.754	29.467
湖南	381.08	182.574	33.57
广东	402.47	212.552	36.895
广西	426.24	291.533	40.14
海南	54.48	59.787	10.964

注：港澳台数据未统计。

除森林资源外，我国还拥有极为丰富的草地资源，分布自东北平原，越过大兴安岭，经辽阔的内蒙古高原，而后穿越鄂尔多斯高原、黄土高原，直达青藏高原南缘，绵延约 4500km，南北跨越 23 个地理纬度。草地是我国分布面积最为广阔的生态系统之一，在发展畜牧业、维持生物多样性、保持水土资源和自然生态系统平衡等方面有着重大作用。

自 20 世纪 90 年代中期，我国国内已有学者相继开展了确定我国草地植被生物量的相关研究。朴世龙等利用我国草地资源清查资料，结合同期遥感影像，建立了基于遥感数据的草地植被生物量估测模型，并将该模型应用于我国草地植被生物量的空间分布特征研究。陈世荣等通过基于净初级生产力(net primary production, NPP)指标的生态系统生产力遥感估算模型分析了 2001 年我国各个区域草地生态系统的生产力。基于各省草地生态系统总生产力的计算结果，假定生物质资源的含碳量为 50%，可获得以生物量形式表达的各省份草地生产力，如表 7-3 所示。

表 7-3　各省份草地生产力

省份	草地面积/($\times 10^4 km^2$)	净初级生产力总和/($\times 10^4 t$)	草地生产力/($\times 10^6 t$)
北京	0.05	18.31	0.3662
天津	0.08	24.99	0.4998
河北	1.59	466.73	9.3346
山西	1.08	286.31	5.7262
内蒙古	41.58	8409.41	168.1882
辽宁	0.47	162.23	3.2446
吉林	2.61	496.65	9.933
黑龙江	5.54	1698.64	33.9728
上海	0.01	3.83	0.0766
江苏	0.05	17.57	0.3514
浙江	0.19	100.58	2.0116
安徽	0.02	6.33	0.1266
福建	0.19	113.89	2.2778
江西	0.02	7.9	0.158
山东	0.32	116.5	2.33
河南	0.2	70.7	1.414
湖北	0.09	37.64	0.7528
湖南	0.02	11.35	0.227
广东	0.12	61.48	1.2296

续表

省份	草地面积/(×10⁴km²)	净初级生产力总和/(×10⁴t)	草地生产力/(×10⁶t)
广西	0.07	34.59	0.6918
海南	0.04	28.74	0.5748
重庆	0.14	59.49	1.1898
四川	12.09	4905.78	98.1156
贵州	0.2	85.19	1.7038
云南	3.53	1962.95	39.259
西藏	66.51	9132.12	182.6424
陕西	4.85	1976.15	39.523
甘肃	10.65	2536.46	50.7292
青海	34.92	7454.01	149.0802
宁夏	1.31	187.34	3.7468
新疆	55.7	5695.42	113.9084
合计	244.24	46169.28	923.3856

注：港澳台数据未统计。

　　我国是世界上人口最多的国家，耕地保护历来是政府工作的重点内容，已有众多学者对耕地生产力保育问题开展了相关研究。早在 20 世纪 50 年代，任美锷就强调了研究耕地生产力保护问题的重要性，并估算了我国土地资源的农业生产承载力。随后，竺可桢论述了中国气候特点及其与粮食生产之间的关系，并由总辐射量指标推算了单位土地面积的农作物产量。20 世纪 70 年代末以来，众多科学家开始致力于探索我国土地资源的农业生产潜力问题。邓祥征等在栅格尺度上估算了我国耕地生产力总量及其空间分布，并将此计算结果汇总于各个省区，分析了不同省区的耕地生产力在 2000 年、2005 年与 2010 年三个时间节点之间的变化趋势及空间差异，最终得到我国各个省份的耕地总生产力如表 7-4 所示。

表 7-4　各省份耕地总生产力

省份	单位面积农田生产力/(kg/hm²)	农田面积/(×10³hm²)	农田生产力/(×10⁶t)
北京	5206	231.6882	1.2062
天津	8332	441.0897	3.6752
河北	6251	6317.2974	39.4894
山西	3476	4055.8234	14.0980
内蒙古	2586	7147.243	18.4828

续表

省份	单位面积农田生产力/(kg/hm²)	农田面积/(×10³hm²)	农田生产力/(×10⁶t)
辽宁	6503	4085.2835	26.5666
吉林	5572	5534.6443	30.8390
黑龙江	5226	11830.121	61.8242
上海	15185	243.9595	3.7045
江苏	12011	4763.7929	57.2179
浙江	8586	1920.8548	16.4925
安徽	11419	5730.1887	65.4330
福建	5906	1330.1039	7.8556
江西	7730	2827.0862	21.8534
山东	8873	7515.306	66.6833
河南	10565	7926.3743	83.7421
湖北	9089	4664.1214	42.3922
湖南	7411	3789.3742	28.0831
广东	10140	2830.7315	28.7036
广西	8395	4217.5198	35.4061
海南	12183	727.5089	8.8632
重庆	9235	2235.932	20.6488
四川	8943	5947.3986	53.1876
贵州	5032	4485.2973	22.5700
云南	5812	6072.0599	35.2908
西藏	924	361.6313	0.3341
陕西	4336	4050.3476	17.5623
甘肃	2357	4658.7675	10.9807
青海	1322	542.7193	0.7175
宁夏	2133	1107.0621	2.3614
新疆	1606	4124.5637	6.6240
合计		121715.8919	832.8891

注：港澳台数据未统计。

结合表 7-2～表 7-4 中的相关数据，可获得我国各省份的生态系统生产力构成(即不同类型生态系统生产力在生态系统总生产力中的占比)。由于各类生态系统所包含的实际植物种类十分复杂，在计算生态系统平均㶲值时，需对计算方法进行一定简化：选取裸子植物、被子植物和水稻的 β 值分别作为森林、草地和农田生态系统的平均 β 值。我国各省份的生态系统单位面积平均生产力及植被平均㶲值计算结果如表 7-5 所示。

表 7-5　我国各省份的生态系统单位面积平均生产力及植被平均㶲值

省份	平均生产力/[kg/(m² · a)]	植被平均㶲/(MJ/kg)
北京	0.64	5106.0988
天津	0.83	4948.8062
河北	0.65	4901.2164
山西	0.45	4832.2001
内蒙古	0.52	4188.6382
辽宁	0.72	5311.567
吉林	0.74	5364.9887
黑龙江	0.79	5289.2574
上海	1.48	5098.3051
江苏	1.19	5154.5876
浙江	0.88	5450.1255
安徽	1.09	5284.4837
福建	1.02	5637.4295
江西	0.83	5595.4447
山东	0.85	5107.5457
河南	1.03	5192.5046
湖北	0.91	5413.6450
湖南	0.81	5529.3654
广东	0.96	5501.0963
广西	0.89	5504.7636
海南	1.55	5466.9873
四川+重庆	0.88	4510.065
贵州	0.64	5360.2159
云南	0.89	4949.5074
西藏	0.31	3198.6865
陕西	0.73	4465.6573

续表

省份	平均生产力/[kg/(m² · a)]	植被平均㶲/(MJ/kg)
甘肃	0.48	3865.4756
青海	0.43	2810.0321
宁夏	0.29	4013.4696
新疆	0.22	3199.6817
全国平均(总生产力/总生态植被面积)	0.59	4607.3283

注：港澳台数据未统计。

7.2.2.3　氮氧化物和硫氧化物的区域化资源损害因子

氮氧化物是一种典型的气体污染物，可能造成酸化、富营养化、人体健康损害等多个环境影响类型，既会对自然生态系统造成损害，也会对人类寿命产生影响。多数材料产品的生产过程均会排放一定量的氮氧化物。硫氧化物是一种典型的、能够引起酸化效应的污染物，大气中的硫氧化物主要源自化石能源燃烧。在Eco-indicator 环境影响评价方法学体系中，氮氧化物、硫氧化物的生态损害影响因子(ecological damage effect, EDE)分别为 5.713 m² · a/kg、1.041 m² · a/kg。

本研究中将我国整体地理区域划分为内蒙古自治区、东北(黑龙江、吉林、辽宁)、华北(北京、天津、山东、山西、陕西、河南、河北)、华中(上海、江苏、安徽、湖北、湖南、江西、浙江)、华南(福建、广东、广西、海南、云南)、西南(四川、重庆、贵州)、青藏(青海、西藏)以及西北(新疆、甘肃、宁夏)八大区域(港澳台除外)。在此基础上，结合公式(7-14)和各个区域的生态系统更新率及平均㶲值，可计算获得氮氧化物和硫氧化物的分区域生态资源损害特征化因子，如表 7-6 所示。

表 7-6　氮氧化物和硫氧化物的分区域生态资源损害特征化因子

区域	NO$_x$/(MJ/kg)	SO$_x$/(MJ/kg)
内蒙古	8615.94	1569.96
东北	21407.73	3900.83
华北	20075.16	3658.02
华中	38519.33	7018.84
华南	42606.07	7763.51
西南	30258.55	5513.59
青藏	6656.43	1212.91
西北	3545.27	646.01

7.3 材料生命周期用能的环境影响解析

材料产品全生命周期过程的各个阶段均涉及能源消耗,如冶金过程消耗燃煤、运输过程消耗燃油等。针对能源消耗(主要为燃料燃烧)问题,传统材料生命周期评价研究通常着眼于其所造成的化石能源耗竭,而不考虑由燃料燃烧产生的污染物可能造成的更为广义的生态资源耗竭。因此,研究与燃料燃烧相关的生态资源损害问题对于完善材料生命周期资源耗竭表征方法具有重要意义。

直接燃烧是人类利用燃料化学能的最基本手段,在提供能量的同时,燃料燃烧过程也不可避免地造成 NO_x、SO_x 等有害污染物的排放。就三种典型能源产品而言(燃煤、燃油、燃气),燃烧煤炭与燃油的污染物排放强度远超燃烧气体燃料,其中燃烧煤炭的污染物排放情况尤为严重。这是因为,天然煤炭资源的含氮量高达 0.5%~2.5%,燃煤过程所产生烟气的 NO_x 含量较高,而气体燃料燃烧时,只在空气不足时产生烟黑;与氮氧化物排放类似,SO_x 的排放量与燃料的硫含量直接相关,即燃烧含硫量大的燃料所造成的 SO_x 排放量也较大,而煤和重油的含硫量较高,分别为 0.3%~5.0% 和 0.5%~3.5%;此外,若以产生相同热量为对比基准,则低热值燃料的污染物排放强度通常高于高热值燃料。燃料燃烧过程的污染物排放量除与燃料种类有关外,还取决于燃料的燃烧方式与条件。例如,旋风燃烧的高炉内温度使得该燃烧方式的 NO_x 排放强度较大;燃烧条件对污染物形成的影响机理较为复杂,涉及空燃比等大量工艺因素。

7.3.1 氮氧化物与硫氧化物排放对生态系统的损害

氮氧化物与硫氧化物是两类最为常见的气体污染物,在大气中,二者通过干沉降和湿沉降两种形式降落至地面。

自由排放的 NO_x 在自然环境中的最终稳定化学形态为硝酸盐或硝酸,其对水体酸化、土壤淋溶贫化、作物和森林灼伤毁坏等环境问题的贡献程度丝毫不逊于硫酸酸雨。NO_x 排放会增加生态土壤圈的氮含量,加速地表水的富营养化,从而对陆地和水生生态系统产生影响。除此之外,NO_x 排放还会引发光化学烟雾的产生,而光化学烟雾所形成的 0.1~1μm 的亚微粒气溶胶不但能使植物组织机能衰退、生长受阻、落叶落果,还易于进入人体肺叶深部从而损害人体健康。

SO_x 排放所产生的生态环境影响具有作用浓度低、范围大、影响周期长等特点,表现出慢性、叠加性。SO_x 分子可通过叶面气孔进入植物体内,当其浓度超过阈值时,植物的正常生理功能即被破坏,植物细胞发生质壁分离、崩溃、叶绿素分解等现象。与 NO_x 一样，SO_x 也是一种典型的酸化气体，与大气中的水相结合即可引发 pH 值小于 5.6 的酸性降水。

7.3.2 燃料燃烧过程氮氧化物和硫氧化物的形成

7.3.2.1 NO_x 的生成机制

燃料燃烧所产生氮氧化物中的氮元素主要来源于助燃空气中的氮分子与燃料中的含氮化合物，其形成过程受多种因素影响，依形成方式的不同，可分为以下三种类型：

1) 热力型 NO_x

热力型 NO_x 是指由助燃空气中的氮分子在高温下氧化生成的氮氧化物。空气中的 N_2 和 O_2 在高温条件下可发生如下化学反应：

$$N_2 + O_2 = 2NO \tag{7-16}$$

NO_x 在真实生产过程中的排放浓度通常为数百至 1000ppm，远低于理想燃烧温度条件下的平衡浓度。按"理论当量比"混合的甲烷-空气可燃气体在温度为 2300K 的条件下燃烧，所生产 NO 的平衡浓度为 4000ppm，显著高于排烟温度下的平衡浓度(基于锅炉排烟温度计算得到的 NO_x 平衡浓度通常低于 1ppm)。由此可知，燃烧过程 NO_x 的形成机制既受热力学条件影响，也受动力学因素限制。苏联科学家捷尔道维奇(Zeldovich)提出了氮元素的氧化机理，认为可通过如下一组不分支链锁化学反应对 NO 的形成过程加以说明，反应所得产物之间的数量关系基本服从阿累尼乌斯公式：

$$N_2 + O \underset{k_1}{\overset{k_2}{\rightleftharpoons}} NO + N \tag{7-17}$$

$$N + O_2 \underset{k_1}{\overset{k_2}{\rightleftharpoons}} NO + O \tag{7-18}$$

O_2 与 N_2 分解的平衡常数均很低，可以认为连锁反应中的氧原子是氮元素氧化的产物。由于作为中间产物的氮原子的浓度很低，可以假定在短时间内其生成速率和消耗速率相等，浓度保持稳定。有研究表明，生成 NO 的化学反应在燃料燃烧的高温区进行，这是由于氧原子与氮分子反应的活化能很大，而氧原子与燃料中可燃成分反应的活化能很小。燃烧温度、空气过剩系数与停留时间是影响热力型氮氧化物生成量的主要因素。

2) 燃料型 NO_x

燃料型 NO_x 是燃料中含氮化合物在燃烧过程中被氧化而生成的氮氧化物。燃料的含氮量因其种类而异，一般城市煤气和液化石油气由于经过除氮处理不含氮，未经除氮处理的燃气的含氮量由燃气中的氨等含氮化合物的浓度而定。燃料中的氮原子与各类碳氢化合物相结合，形成非碱性环状化合物；相比于其他类型燃料，煤炭燃料中含氮化合物的结构最为复杂。这些含氮化合物中氮原子与其他元素之间的结合能均小于 N_2 中氮原子之间的结合能，因此燃料燃烧过程易产生氮氧化物。

燃料型 NO 生成的化学反应过程为：含氮化合物首先分解为 N、NH_2、NH、CN、HCN 等中间产物，再通过反应(7-19)～(7-28)生成 NO：

$$HCN + O \Longequal NCO + H \tag{7-19}$$

$$HCN + OH \Longequal NCO + H_2 \tag{7-20}$$

$$CN + O_2 \Longequal NCO + O \tag{7-21}$$

$$NCO + O \Longequal NO + CO \tag{7-22}$$

$$CN + O \Longequal CO + N \tag{7-23}$$

$$NH + O \Longequal N + OH \tag{7-24}$$

$$NH + O \Longequal NO + H \tag{7-25}$$

$$NH_2 + O \Longequal NH + OH \tag{7-26}$$

$$O + N_2 \Longequal N + NO \tag{7-27}$$

$$N + O_2 \Longequal O + NO \tag{7-28}$$

燃料型 NO_x 生成量的影响因素包括燃料含氮量、空气过剩系数与燃料燃烧温度。

3) 快速温度型 NO_x

快速温度型 NO_x 是高浓度碳氢燃料燃烧产生的氮氧化物。在空气过剩系数小于 1 的条件下，碳氢燃料在火焰面内急剧反应生成大量 NO。快速温度型 NO_x 的生成机制尚存争议。Bowman 认为可用扩大的捷尔道维奇机理解释快速温度型 NO_x；Fenimore 提出快速温度型 NO_x 生成机理与燃料型 NO_x 生成机理之间存在类同性，发现 HCN 是快速温度型 NO_x 生成反应的重要中间产物；此外，也有学者认为快速温度型 NO_x 与热力型 NO_x 均由助燃气中的氮元素在高温下发生氧化而形成，故可将二者统称为热力型氮氧化物。

4) NO_x 排放量的计算方法

综合燃料消耗量、NO_x 排放因子以及工艺脱氮率的具体数值即可获得生产过程的 NO_x 排放量，如公式(7-29)所示：

$$E = 0.001F\alpha(1 - rf) \tag{7-29}$$

式中，E 为 NO_x 排放量；F 为燃料消耗量；α 为燃料的 NO_x 排放因子；r 为脱氮设备的覆盖率；f 为脱氮设备的脱氮效率。

7.3.2.2　SO_x 的生成机制

1) 燃料中硫元素的形态与含量

煤炭燃料中的硫元素以四种化学形式存在，分别为：黄铁矿硫、硫酸盐硫、有机硫与单质硫。其中黄铁矿硫、有机硫与单质硫可燃；硫酸盐硫则不可燃。可按含硫量将煤炭燃料分为：含硫低于 1.5%的低硫燃煤、含硫 1.5%～2.5%的中硫燃煤、含硫 2.5%～4%的高硫燃煤、含硫大于 4%的富硫燃煤，我国本土煤炭燃料的含硫量通常在 0.5%～3%。

石油燃料中的硫元素主要以有机硫的化学形式存在，包括硫醇类化合物等，是一些分子量大、杂原子不集中的复杂化合物。石油燃料中的沥青质集中在可直接或脱沥青后用作燃料油的渣油之中。石油燃料的含硫量因产地不同变化很大，波动范围在 0.1%～7%。我国油田开采出的石油燃料通常含硫不高，例如，大庆原油的含硫量小于 0.5%、胜利原油的含硫量小于 1%，均属于中低硫燃油；而产自中东地区的原油的含硫量则较高。利用直馏法生产的渣油(燃料油)的含硫量一般为原油含硫量的 1.5～1.6 倍。

天然气中的硫元素主要以硫化氢的形式存在，例如，产自我国四川地区的天然气的 H_2S 含量为 0%～2.5%。

2) 硫氧化物的形成过程

在正常燃烧条件下，空气过剩系数高于 1.1，可燃硫化物首先转化为中间产物，并被氧化为 SO_2；由于 O_2 过量，有 0.5%～5.0%的 SO_2 产物被进一步氧化为 SO_3。

燃料中的可燃硫完全燃烧时，其理论化学反应过程如下：

$$S + O_2 = SO_2 \tag{7-30}$$

燃烧过程中的 SO_2 产生量可按下式计算：

$$G_{SO_2} = 2BS\eta \tag{7-31}$$

式中，G_{SO_2} 为 SO_2 产生量；B 为燃料消耗量；S 为燃料含硫量；η 为可燃硫在燃料所含全硫中的占比。

燃煤的 η 取值依实际情况而定，一般在 60%～90%；石油与天然气的 η 值可视为 1。

燃料燃烧所产生的部分 SO_2 进一步被氧化成 SO_3，这一转化的历程为：氧气分子在高温下离解为氧原子，氧原子与 SO_2 发生反应从而生成 SO_3。一般认为，空气过剩系数越大、燃烧温度越高、火焰区停留时间越长，O 原子的浓度就越大，

生成气体中 SO_3 的浓度也越高。因此，在燃料完全燃烧的前提条件下，降低空气过剩系数有利于抑制 SO_3 的生成。此外，SO_3 的生产还与锅炉对流受热面上的积灰、金属氧化膜以及悬浮颗粒的催化作用有关，Y_2O_5、Fe_2O_3、SiO_2、Al_2O_3、Na_2O 对 SO_2 向 SO_3 的化学转变有催化作用。SO_3 与烟气中的水蒸气在温度低于 200℃ 时能形成硫酸蒸气，当排烟进入大气且温度降低至露点以下时，硫酸蒸气凝结在烟尘粒子上，形成酸性尘雾。

7.3.3　典型燃烧过程的污染物排放强度及其资源损害潜力

本节重点分析各类燃料在电力、工业(工业锅炉)、交通(包括道路和非道路)、民用四大消耗情景中燃烧的污染物排放量及其资源损害潜力。

7.3.3.1　两种污染物排放量的计算

电力部门和工业部门的能源消耗数据可由《中国能源统计年鉴 2013》直接获得。由于相关年鉴中交通运输的能源消耗数据仅包括交通运输企业的能耗情况，而不涉及社会车辆的能耗情况，后者的相关数据分散于"农业"、"工业"、"服务业"和"居民生活"等统计项中，因此，需要重点计算交通部门的能源消耗量，包括道路移动源(重型货车、中型货车、轻型货车)与非道路移动源(内河船舶、铁路和工程机械)，相关基础数据可由《中国交通年鉴 2014》获得。

燃料的全硫含量数据为：燃煤的全硫含量取 0.36%，燃煤、原油、轻油和重油的全硫含量分别取 0.3%、0.1%和 3.5%，天然气中 H_2S 气体的体积含量取 0.05%。燃煤的 η 值取 90%，石油燃料和天然气的 η 值取 1。对于交通运输部门，由于我国目前所采用的道路、铁路和内河航运的排放标准不一致，为了便于对比分析，本节选取欧 II 标准的 NO_x 排放控制设备作为计算情景。

不同燃料在不同条件下燃烧的氮氧化物、硫氧化物排放强度如表 7-7 所示。

表 7-7　氮氧化物、硫氧化物的排放强度　　　　　(单位: kg/tce)

部门	燃料	NO_x 技术	NO_x	SO_x
电厂	煤	无控制	13.50	4.63
	煤	低氧燃烧	8.10	4.63
	煤	选择性催化还原	2.70	4.63
	油	无控制	7.00	2.86
	气	无控制	3.10	1.21

续表

部门	燃料	NO$_x$技术	NO$_x$	SO$_x$
工业锅炉	煤	无控制	8.10	4.63
	煤	低氧燃烧	3.70	4.63
	油	无控制	4.10	2.86
	气	无控制	1.60	1.21
重型货车	柴油	无控制	73.00	2.62
	柴油	欧 II	54.00	2.62
中型货车	柴油	无控制	53.00	2.62
	柴油	欧 II	39.00	2.62
	汽油	无控制	13.00	2.65
	汽油	欧 II	1.00	2.65
轻型货车	柴油	无控制	25.00	2.62
	柴油	欧 II	25.00	2.62
	汽油	无控制	22.00	2.65
	汽油	欧 II	3.00	2.65
火车	柴油	无控制	29.00	2.62
内河船舶	柴油和燃料油	无控制	38.00	90.00
	柴油和燃料油	欧 II	16.00	90.00
工程机械	柴油	无控制	23.00	2.62
	柴油	欧 II	8.00	2.62

7.3.3.2　污染物排放的生态资源损害分析

本节以华中地区的生态情景为评价基础，确定氮氧化物与硫氧化物排放的生态资源损害潜力。在我国华中地区，NO$_x$ 和 SO$_x$ 的资源损害烟特征化因子分别为 38519.33MJ/kg 和 7018.84MJ/kg，结合表 7-7 中不同经济部门的污染物排放强度，计算获得不同燃料在不同条件下燃烧所造成的资源损害潜力如表 7-8 所示。

表 7-8　不同燃料在不同环境下燃烧所造成的环境影响　　　　　(单位: MJ)

部门	燃料	NO$_x$控制技术	非生物资源耗竭	生物资源耗竭		总资源耗竭
				NO$_x$	SO$_x$	
电厂	煤	无控制	2.93×10^4	5.20×10^5	3.25×10^4	5.82×10^5
	煤	低氧燃烧	2.93×10^4	3.12×10^5	3.25×10^4	3.74×10^5

续表

| 部门 | 燃料 | NO_x控制技术 | 非生物资源耗竭 | 生物资源耗竭 | | 总资源耗竭 |
				NO_x	SO_x	
电厂	煤	选择性催化还原	$2.93×10^4$	$1.04×10^5$	$3.25×10^4$	$1.66×10^5$
	油	无控制	$2.93×10^4$	$2.70×10^5$	$2.01×10^4$	$3.19×10^5$
	气	无控制	$2.93×10^4$	$1.19×10^5$	$8.52×10^3$	$1.57×10^5$
工业锅炉	煤	无控制	$2.93×10^4$	$3.12×10^5$	$3.25×10^4$	$3.74×10^5$
	煤	低氧燃烧	$2.93×10^4$	$1.43×10^5$	$3.25×10^4$	$2.04×10^5$
	油	无控制	$2.93×10^4$	$1.58×10^5$	$2.01×10^4$	$2.07×10^5$
	气	无控制	$2.93×10^4$	$6.16×10^4$	$8.52×10^3$	$9.95×10^4$
重型货车	柴油	无控制	$2.93×10^4$	$2.81×10^6$	$1.84×10^4$	$2.86×10^6$
	柴油	欧Ⅱ	$2.93×10^4$	$2.08×10^6$	$1.84×10^4$	$2.13×10^6$
中型货车	柴油	无控制	$2.93×10^4$	$2.04×10^6$	$1.84×10^4$	$2.09×10^6$
	柴油	欧Ⅱ	$2.93×10^4$	$1.50×10^6$	$1.84×10^4$	$1.55×10^6$
	汽油	无控制	$2.93×10^4$	$5.01×10^5$	$1.86×10^4$	$5.49×10^5$
	汽油	欧Ⅱ	$2.93×10^4$	$3.85×10^4$	$1.86×10^4$	$8.64×10^4$
轻型货车	柴油	无控制	$2.93×10^4$	$9.63×10^5$	$1.84×10^4$	$1.01×10^6$
	柴油	欧Ⅱ	$2.93×10^4$	$9.63×10^5$	$1.84×10^4$	$1.01×10^6$
	汽油	无控制	$2.93×10^4$	$8.47×10^5$	$1.86×10^4$	$8.95×10^5$
	汽油	欧Ⅱ	$2.93×10^4$	$1.16×10^5$	$1.86×10^4$	$1.63×10^5$
火车	柴油	无控制	$2.93×10^4$	$1.12×10^6$	$1.84×10^4$	$1.16×10^6$
内河船舶	燃料油	无控制	$2.93×10^4$	$1.46×10^6$	$6.32×10^5$	$2.12×10^6$
	燃料油	欧Ⅱ	$2.93×10^4$	$6.16×10^5$	$6.32×10^5$	$1.28×10^6$
工程机械	柴油	无控制	$2.93×10^4$	$8.86×10^5$	$1.84×10^4$	$9.34×10^5$
	柴油	欧Ⅱ	$2.93×10^4$	$3.08×10^5$	$1.84×10^4$	$3.56×10^5$

　　由表 7-8 中的数据可知，无控制(uncontrolled)条件下内河运输(inland water transportation)所造成的生态资源损害最大，产生这一结果的原因一方面是船舶主

机的工作状态易产生 NO_x 排放；另一方面是所使用燃料油的含硫量较高。在实行排放物控制的不同燃烧情景中，除却燃烧汽油的中型货车运输以外，其他运输方式的污染物排放强度均高于电厂和工业锅炉的污染物排放强度。

7.4　减排技术的综合资源效率

如前文所述，氮氧化物(NO_x)和硫氧化物(SO_x)是两类最为典型的气体污染物，可能形成酸化、富营养化、人体健康损害等多种环境影响类型，具有较大的环境危害性。因此，全世界大多数政府均对工业过程的氮氧化物和硫氧化物排放实行严格的监控及惩罚措施。企业通常利用脱硫、脱硝设备处置工业过程所产生的硫氧化物与氮氧化物，从而达到国家所规定的污染物排放标准，减少由污染物排放造成的生态资源损失量。然而，在避免污染物排放影响生态资源的同时，污染物减排设备本身的制造与运行也会增加一定量的非生产性额外自然资源消耗，因此，需从全生命周期角度衡量减排行为的真实资源节约效益。

如若生产企业没有安装脱硫、脱硝设备，则材料产品生产过程所产生的污染物将直接进入自然环境，造成生态资源损失，如图 7-3 所示。

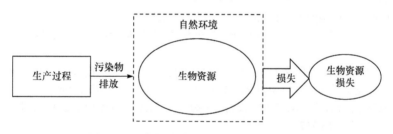

图 7-3　污染物排放所造成的生态资源损失

如若生产企业安装并运行污染物减排设备，则生产过程所产生的大部分污染物可被直接处置，向自然环境的直接排放量将显著减少，从而有效避免自然生态资源损失。

另外，如图 7-4 所示，采用减排设备避免生态资源损失(生物资源损失)的代价是减排设备生产、运行所额外造成的资源消耗(包括直接非生物资源耗竭与间接污染物排放所造成的生态资源损害)。如果某一污染物减排技术在相关设备的生产、运行阶段所消耗的资源总量超过了污染物直接排放所造成的生态资源损害量，则该污染物减排技术无资源节约效益。综上所述，采用单一化㶲指标定量评价脱硫、脱硝技术的资源效率，能够科学客观地辨识减排行为的环境效益，从而为材料生产流程减排提供科学依据。

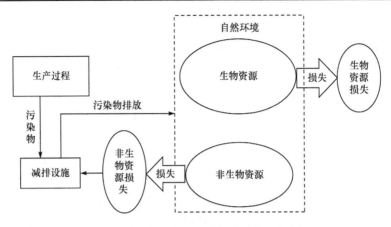

图 7-4　减排设备所造成的自然资源损失

参 考 文 献

陈世荣, 王世新, 周艺, 2008. 基于遥感的中国草地生产力初步计算. 农业工程学报, 24(01): 208-212.

党安荣, 阎守邕, 吴宏歧, 等, 2000. 基于 GIS 的中国土地生产潜力研究. 生态学报, (06): 910-915.

邓祥征, 2008. 土地用途转移分析. 北京: 中国大地出版社.

邓祥征, 姜群鸥, 殷芳, 等, 2011. 中国耕地生产力变化及其区际保护策略. 农村金融研究, (12): 5-10.

方精云, 徐嵩龄, 1996. 我国森林植被的生物量和净生产量. 生态学报, 16(05): 497-508.

国家统计局能源统计司, 2014. 中国能源统计年鉴 2013. 北京: 中国统计出版社.

胡志新, 胡维平, 张发兵, 等, 2005. 太湖梅梁湾生态系统健康状况周年变化的评价研究. 生态学杂志, 24(07): 763-767.

李海奎, 雷渊才, 2010. 中国森林植被生物量和碳储量评估. 北京: 中国林业出版社.

李建新, 2012. 燃烧污染物控制技术. 北京:中国电力出版社.

刘纪远, 徐新良, 庄大方, 等, 2005. 20 世纪 90 年代 LUCC 过程对中国农田光温生产潜力的影响——基于气候观测与遥感土地利用动态观测数据. 中国科学(D 辑:地球科学), (06): 483-492.

龙邹霞, 余兴光, 2007. 湖泊生态系统弹性系数理论及其应用. 生态学杂志, 26(07): 1119-1124.

罗云建, 王效科, 张小全, 等, 2013. 中国森林生态系统生物量及其分配研究. 北京: 中国林业出版社.

朴世龙, 方精云, 贺金生, 等, 2004. 中国草地植被生物量及其空间分布格局. 植物生态学报, 28(04): 491-498.

孙平跃, 陆健健, 1997. 埃三极(Exergy)理论——生态系统研究的一种新方法. 生态学杂志, (05): 32-37.

杨飏, 2007. 氮氧化物减排技术与烟气脱硝工程. 北京: 冶金工业出版社.

张楚莹, 王书肖, 邢佳, 等, 2008. 中国能源相关的氮氧化物排放现状与发展趋势分析. 环境科学学报, 28(12): 2470-2479.

章飞军, 童春富, 谢志发, 等, 2007. 长江口潮间带大型底栖动物群落演替. 生态学报, (12): 4944-4952.

张永泽, 刘玉生, 郑丙辉, 1997. 㶲(Exergy)在湖泊生态系统建模中的应用. 湖泊科学, (01): 75-81.

张宇峰, 2017. 材料生命周期评价的污染物排放㶲表征模型研究及其应用. 北京: 北京工业大学.

郑帷婕, 包维楷, 辜彬, 等, 2007. 陆生高等植物碳含量及其特点. 生态学杂志, 26(3): 307-313.

中国交通年鉴社, 2014. 中国交通年鉴 2014. 北京: 中国交通年鉴社.

Bendoricchio G, Jørgensen S, 1997. Exergy as goal function of ecosystems dynamic. Ecological Modelling, 102(1): 5-15.

Debeljak M, 2002. Applicability of genome size in exergy calculation. Ecological Modelling, 152(2): 103-107.

Fabiano M, Vassallo P, Vezzulli L, et al., 2004. Temporal and spatial change of exergy and ascendency in different benthic marine ecosystems. Energy, 29(11): 1697-1712.

Fang J, Chen A, Peng C, et al., 2001. Changes in forest biomass carbon storage in China between 1949 and 1998. Science, 292: 2320-2322.

Fonseca J, Marques J, Paiva A, et al., 2000. Nuclear DNA in the determination of weighing factors to estimate exergy from organisms biomass. Ecological Modelling, 126(2-3): 179-189.

Jørgensen S, Fath B, 2006. Examination of ecological networks. Ecological Modelling, 196(3-4): 283-288.

Jørgensen S, Ladegaard N, Debeljak M, et al., 2005. Calculations of exergy for organisms. Ecological Modelling, 185(2-4): 165-175.

Jørgensen S, Nielsen S, Mejer H, 1995. Emergy, environ, exergy and ecological modelling. Ecological Modelling, 77(2-3): 99-109.

Jørgensen S, Norsnielsen S, 2007. Application of exergy as thermodynamic indicator in ecology. Energy, 32(5): 673-685.

Jørgensen S, Odum H, Brown M, 2004. Emergy and exergy stored in genetic information. Ecological Modelling, 178(1-2): 11-16.

Jørgensen S, Ulanowicz R, 2009. Network calculations and ascendency based on eco-exergy. Ecological Modelling, 220(16): 1893-1896.

Mandal S, Ray S, Roy S, et al., 2007. Investigation of thermodynamic properties in an ecological model developing from ordered to chaotic states. Ecological Modelling, 204(1-2): 40-46.

Marques J C, Pardal M A, Nielsen S N, et al., 1997. Analysis of the properties of exergy and biodiversity along an estuarine gradient of eutrophication. Ecological Modelling, 102(1): 155-167.

Ni J, 2001. Carbon storage in terrestrial ecosystems of China: estimates at different spatial resolutions and their responses to climate change. Climatic Change, 49(3): 339-358.

Sciubba E, 2011. A revised calculation of the econometric factors α- and β for the Extended Exergy Accounting method. Ecological Modelling, 222(4): 1060-1066.

Wang S, Zhou C, Luo C, 1999. Studying carbon storage spatial distribution of terrestrial natural vegetation in China. Progress in Geography, 18(3): 238-244.

Xu F, 1996. Ecosystem health assessment of Lake Chao, a shallow eutrophic Chinese lake. Lakes & Reservoirs: Research & Management, 2(1-2): 101-109.

Xu F, Jørgensen S, Tao S, 1999. Ecological indicators for assessing freshwater ecosystem health. Ecological Modelling, 116(1): 77-106.

Zhang J, Jørgensen S, Tan C, et al., 2003. A structurally dynamic modelling—Lake Mogan, Turkey as a case study. Ecological Modelling, 164(2-3): 103-120.

第8章 典型无机非金属材料生产的资源消耗强度分析

水泥行业是国民经济建设所不可或缺的基础原材料生产部门,对自然环境同时具有"损伤"与"修复"功能。一方面,水泥行业高污染、高能耗的传统发展模式已给我国社会可持续发展带来了巨大压力;另一方面,作为固体废弃物的潜在消纳者,在水泥行业大力开发利废技术是实现绿色经济、循环经济发展理念的必经之路。本章以资源耗竭㶲表征因子体系为基础,量化了电石渣水泥熟料生产与普通硅酸盐水泥熟料生产的资源消耗强度,分析了水泥窑处置城市垃圾相比于传统垃圾处置方式的资源利用优势,以及在水泥窑应用脱硝技术的资源节约效益,以期对水泥行业可持续发展政策制定和技术开发起到一定的借鉴作用,也对资源耗竭㶲表征方法及其应用的有效性进行检验。

8.1 我国水泥工业发展现状

我国是水泥生产大国,水泥年产量长期位居世界首位,占全球水泥总产量的60%以上,水泥工业在我国国民经济建设中具有举足轻重的地位。图 8-1 为 2000 年以来,我国各年份水泥年产量的变化趋势。2008 年之前,我国水泥产量增长速度较为稳定,2008 年受全球金融危机影响,全国水泥产量增长率仅为 4.3%,创历史最低,而后水泥工业逐渐摆脱了金融危机的负面影响,产量增长率恢复至13.5%。经历连续几年的增长后,在国家实施供给侧改革的新形势下,2015 年我国水泥年产量二十五年来首次下降,进入绿色高质量发展时期。

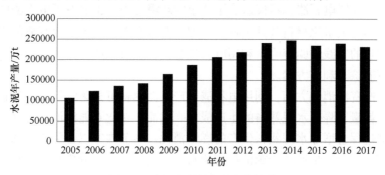

图 8-1 我国水泥年产量变化趋势

另外，中国水泥工业的发展在经历"量变"的同时，也经历着"质变"，随着水泥年产量的不断增长，新型干法水泥产量在全国水泥总产量中所占的比例也在逐年增加。1985 年，我国刚刚成为世界第一水泥生产国时，新型干法水泥产量在全国水泥总产量中的占比小于 5%；2000 年时，经过国家"七五""八五""九五"期间的持续建设，新型干法水泥产量在全国水泥总产量中的占比提高至 12%；而后，新型干法工艺进入到高速发展时期，随着国家对水泥工业结构的不断调整，到 2009 年，新型干法水泥产量在全国水泥总产量中的占比已上升到 72%，新型干法生产工艺已经无可争辩地取代其他生产工艺成为水泥工业的主流生产技术。

随着人们环保意识的不断增强，水泥工业在扮演自然环境"破坏者"的同时，也通过合理利用固体废弃物逐渐承担起环境污染源"保护者"的角色，成为固体废弃物处置大户。德国、日本等发达国家利用水泥窑协同处置危险废弃物和城市生活垃圾已有 30 多年的历史，积累了丰富的实践经验，形成了兼具环保性与经济性的技术体系。相关统计数据显示，我国 2010 年废弃物产出量为 33.49 亿 t，利用消纳量为 15.07 亿 t，利用率为 45%，其中由水泥厂消纳的废弃物总量约为 8.29 亿 t，占全国废弃物总产出量的 25%、占全国废弃物综合利用量的 55%。近年来，为了有效控制雾霾的形成，水泥窑炉的生产时段受到了一定限制，例如，在华北地区冬季供暖时期，原则上不允许进行水泥生产活动；然而，该政策并不针对具备协同处置废弃物能力的水泥窑，可以预计，未来一段时期将迎来我国水泥窑协同处置技术的蓬勃发展。

8.2 两种水泥熟料生产的资源消耗强度对比分析

8.2.1 目标与范围的确定

随着我国化工行业的迅速发展，乙炔、聚氯乙烯、聚乙烯醇等化工产品生产所排放的电石渣废弃物的积存量已逾亿吨，而化工企业往往采用露天堆放或直排江河的方式处置电石渣，不仅造成了严重的环境污染，也浪费了电石渣的潜在资源属性。作为大宗原材料基础工业，水泥工业具有大量消纳工业废渣的潜力。生产企业多年的实践经验表明，利用电石渣替代石灰石生产水泥熟料是最为科学合理的电石渣综合利用方案。

在矿产资源消耗方面，利用电石渣生产水泥熟料可显著降低生产过程的天然石灰石消耗量，降低水泥熟料的生产成本。然而，在化石能源消耗方面，电石渣的预处理过程会增加水泥熟料生产的燃料消耗。本节内容以各类资源的㶲耗竭因子为基础，综合衡量矿产资源消耗与化石能源消耗，对比分析利用电石渣生产水泥熟料与利用石灰石生产水泥熟料的资源消耗强度。本章计算所设定的功能单位为 1t 强度为 52.5MPa 的水泥熟料，计算的系统边界如图 8-2 所示。

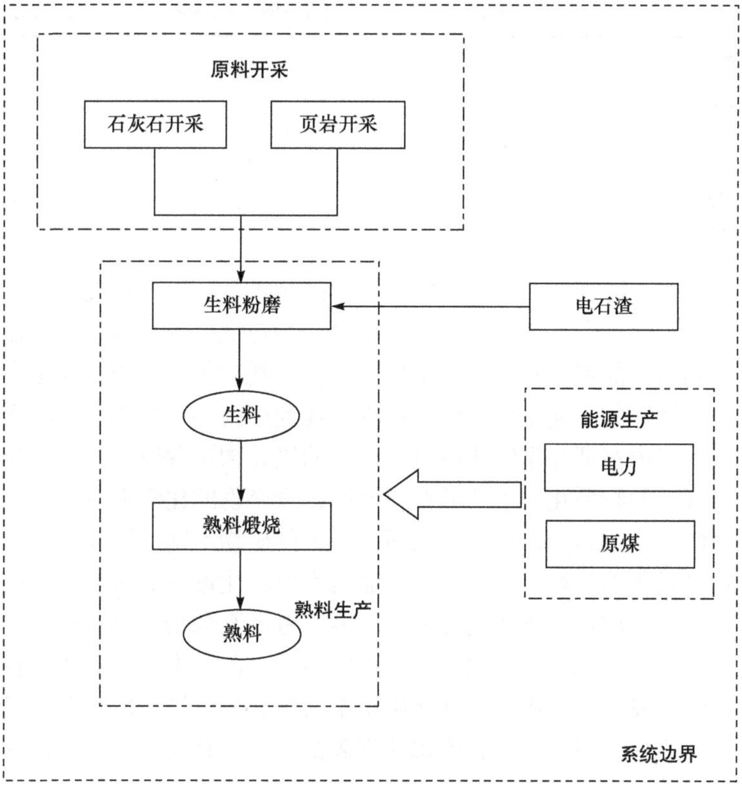

图 8-2　水泥熟料生产的系统边界

8.2.2　生产清单与累积㶲需求计算

本研究依托国家科技支撑计划"建筑材料绿色制造共性技术研究"，调研了位于我国不同区域的约 30 条典型水泥生产线，调研所获数据已通过同行专家论证，具有较高的可靠性与准确性。基于代表性较强的水泥企业的生产数据，计算获得普通硅酸盐水泥熟料与电石渣水泥熟料(电石渣替代比约为 56%)的生产清单如表 8-1 所示。

表 8-1　水泥熟料生产的资源消耗清单

消耗	单位	普通硅酸盐水泥熟料	电石渣水泥熟料
石灰石	t/t	1.31	0.588
砂岩	kg/t	72.2	66.3
电石渣	kg/t	—	651

续表

消耗	单位	普通硅酸盐水泥熟料	电石渣水泥熟料
铁矿石	kg/t	43.6	—
黏土	kg/t	58.4	213
电力	kW·h/t	62.7	66.8
原煤	kg/t	174	189

　　如前文所述，除却石灰石、砂岩等天然矿物之外，以电石渣为代表的工业废弃物正在逐渐成为水泥生产过程的输入物料，参与烧成过程所发生的各类物理化学反应，为熟料产品提供有用的化学成分。传统观念将废弃物的资源价值定性解释为可替代天然矿物，通常以替代量作为体现利用废弃物所产生资源效益的经济指标，无法反映由本征化学组成特点所决定的废弃物资源属性。依据资源耗竭㶲表征体系所规定的物质化学㶲值的量化原则，废弃物的化学㶲值亦可按照天然矿物化学㶲值的计算过程予以确定。然而，与天然矿物不同，输入至材料生产系统中的废弃物已是天然物质经历一系列工业流程所转化形成的物质，具有一定的热历史和反应历史，应从"累积消耗"角度客观考虑其剩余资源属性，从而引起上游生产系统中副产品和主产品之间的分配问题。因此，本章分析暂将表 8-1 中所列废弃物的资源属性视为零，待课题组未来对废弃物资源属性上游分配问题进行系统深入研究之后，将进一步在资源耗竭表征模型中补充完善废弃物资源属性的量化方法。

　　如图 8-3 所示，采用矿产资源㶲因子与能源产品㶲因子分别对表 8-1 中的料耗项和能耗项进行表征可得，一方面，以电石渣替代石灰石生产吨水泥熟料能够减少12.2%的天然物料投入，另一方面，电石渣预处理阶段所额外消耗的热量使生产系

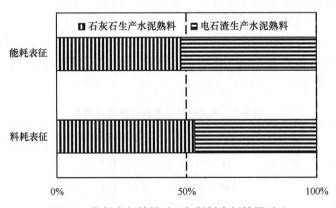

图 8-3　能耗表征结果对比与料耗表征结果对比

统能耗增加 8.3%。由此可知，如遵循传统分析思路，独立考虑水泥熟料生产系统的料耗与能耗，虽能体现出应用电石渣替代石灰石生产水泥熟料的“节料废能”效应，但却无法深入揭示“节料”与“废能”二者之间的统一共性，其计算结果不足以支撑对利废生产行为资源表现的综合评判。因此，系统运用所建立的资源耗竭㶲特征化因子，统一表征水泥制造系统所消耗的不同类型资源，能够更加全面客观地反映生产过程的物质利用水平。

结合矿产资源与能源产品的㶲因子，计算获得利用石灰石生产水泥熟料与利用电石渣生产水泥熟料的综合资源耗竭强度，以及不同类型资源对资源耗竭强度的贡献，如图 8-4 所示。与图 8-3 所示的独立表征结果相比，经统一表征得到的综合结果能够更进一步地定量分析“节料”与“废能”之间的可比关系，即基于所选取典型企业的生产数据，利用电石渣生产水泥熟料的综合资源消耗强度比利用石灰石生产水泥熟料的综合资源消耗强度高约 7%。

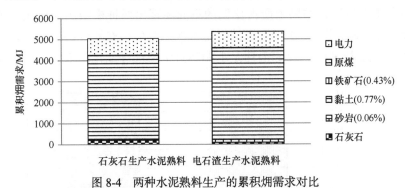

图 8-4　两种水泥熟料生产的累积㶲需求对比

对于上述计算结果需做以下两点说明：①资源耗竭㶲表征结果与非资源型环境影响无关，利用电石渣生产水泥熟料的高资源消耗强度并不否定这一生产模式就其他环境影响类型而言所可能存在的优势，例如，利用电石渣替代天然石灰石生产水泥熟料可显著减少烧成过程的二氧化碳排放量，从而减轻产品生产所造成的全球变暖效应(对这一问题的具体分析超出了本书的讨论范围)；②利用电石渣生产水泥熟料的资源消耗强度较高的首要原因是化石能源与矿产资源的㶲特征化因子之间的差异，如果选取其他资源耗竭特征化模型处理表 8-1 所列清单数据，则评价结果也会有所差异，8.2.3 节将详细论述这一问题。

8.2.3　对化石能源高权重问题的探讨

目前，国际上应用最为广泛的资源耗竭特征化模型是由荷兰莱顿大学提出的稀缺度模型，该模型以不同资源的产量与储量之间的数量关系为基础确定资源耗竭特征化因子，如公式(8-1)所示。

$$\mathrm{ADP}_i = \frac{\dfrac{U_i^y}{R_i^{y+1}}}{\dfrac{U_r^y}{R_r^{y+1}}} \tag{8-1}$$

式中，U_i 与 U_r 分别代表资源 i 与参考资源 r(通常选取金属锑 Sb 为参考资源)的年开采量；R_i 与 R_r 分别代表资源 i 与参考资源 r 的储量；y 为未知常数。

在我国，本课题组深入分析了稀缺度特征化模型中常数 y 的取值问题，论证了设定 y 值为 1 的合理性，并计算得到了我国本土化资源稀缺性因子。将本土化稀缺度特征化因子应用于水泥熟料生产过程，计算得到资源耗竭特征化结果为 $7.06 \times 10^{-3} \mathrm{kg\text{-}Sbeq/t}$。

稀缺度特征化模型的理论基础与㶲特征化模型的理论基础之间存在明显区别，因此，应用两种模型计算得到的特征化结果之间不具备可比性。然而，不同类型资源在特征化结果中所占比例的不同体现出两种模型的特征化因子之间的差异。如图 8-5 所示，矿产资源消耗是水泥熟料生产稀缺度特征化结果的主要贡献项，占比为 99%；能源消耗是水泥熟料生产㶲特征化结果的主要贡献项，占比为 96%。

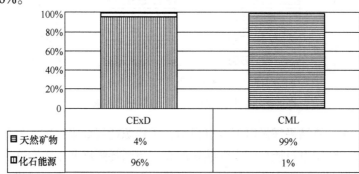

图 8-5　化石能源与天然矿物在水泥熟料生产特征化结果中所占的比例

在我国本土稀缺度资源耗竭特征化因子中，化石能源的特征化因子普遍远低于矿产资源的特征化因子，例如，铁矿石的特征化因子为 $4.53 \times 10^{-6} \mathrm{kg\text{-}Sbeq/kg}$，而煤的特征化因子仅为 $7.97 \times 10^{-8} \mathrm{kg\text{-}Sbeq/kg}$，开采 60kg 原煤所造成的资源耗竭潜力仅等价于开采 1kg 铁矿石的资源耗竭潜力，这一趋势直接导致了上述水泥熟料生产稀缺度特征化结果的基本特征，即化石能源在计算结果中的占比远小于矿产资源。

稀缺度资源耗竭特征化因子仅由资源的产量与储量之间的数量关系决定，无法反映不同类型资源的根本属性差异及其在材料生产过程中所发挥的不同作用。

矿产资源是生产材料产品的物质基础(质料)。尽管材料生产过程中所发生的一系列物理化学反应会影响矿产资源的存在状态，即构成物质资源的原子之间的组合状态(物质结构)发生改变,但原子自身的存在状态并不受其影响(物质守恒),其中,小部分原子转化为最终材料产品,大部分原子则存在于废弃物中。无论以上述何种形式存在(材料产品或废弃物),构成物质资源的原子将长期处于远离基准环境的状态,存在进一步回收利用、继续转化为高品质材料产品的潜能,尽管其资源代价(回收过程所消耗的资源量)可能大于传统"正向"生产方式(以自然资源为物质基础生产材料)。

与矿产资源不同,化石能源/能源产品是生产材料产品的动力基础,能源燃烧释放热能是维持生产系统物理环境,从而保证物质形态持续稳定转变的根本条件。化石能源耗竭与矿产资源耗竭之间既有相同点又有不同点,其相同点为:如上文所述,材料生产过程仅能改变构成资源的原子之间的组合状态,针对化石能源则体现为以碳-碳结合为主要化学键的能源状态转变为以碳-氧结合为主要化学键的气体排放物状态。其不同点如图 8-6 所示:大部分构成化石能源的原子(主要为 C、N、S)在燃烧反应过程都与燃烧气氛中的氧元素相结合,以废气的形式被排放至大气圈,与基准环境达到平衡的程度远高于矿产资源;虽然这部分原子并没有湮灭,但目前的回收技术水平还不足以对所有类型的气体废弃物进行深度回收利用,即便在理想情况下,通过合理设计可逆过程捕捉分散于大气中的气体分子并恢复其初始资源属性,由㶲因子的物理意义可推知(化石能源的㶲因子远高于矿物资源的㶲因子),这一可逆过程所消耗的㶲值远大于从基准环境中(大气圈、海洋圈、岩石圈)提取矿物资源所消耗的㶲值。

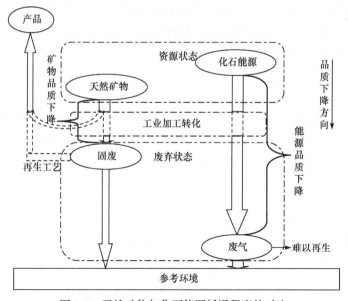

图 8-6　天然矿物与化石能源耗竭程度的对比

此外，从宏观尺度分析，在全球资源矿物已全部被开采使用的假想状态下，只要能源供应充足，便可通过适当生产工艺对废弃物进行循环再利用；然而，在全球化石能源已全部被开采使用的假想状态下，即使矿物储量充足，任何涉及物质转化的大规模工业生产活动都难以有效开展。因此，化石能源在资源耗竭特征化结果中的高权重现象具有一定合理性。

8.3　水泥窑协同处置城市垃圾的资源效益分析

作为各类废弃物的重要消纳途径，水泥工业以生态环境"损伤者"与"修复者"的双重身份参与国民经济活动。

水泥生产需要消耗大量不可再生资源，这一特点严重制约了水泥工业的可持续发展。近年来，伴随国家绿色发展意识的不断增强，利用水泥窑的工艺特点，合理处置固体废弃物替代天然资源生产水泥已成为水泥企业实现可持续发展的重要技术措施。利用固体废弃物生产水泥不仅可以降低产品的自然资源消耗强度，还可避免废弃物堆积所造成的其他环境影响或额外单独处置废弃物的资源消耗。目前，世界上已有超过百家水泥企业利用可燃废弃物替代部分燃料，在美国，其替代比已达 20%～60%；在西欧和北欧各国，早在 21 世纪初期，水泥行业协同处置固体废弃物的总量就已超过百万吨。

就北京市而言，城市垃圾是危害城市生态环境的重要污染物。目前，存在多种处置城市垃圾的技术手段，而具体选择何种处置手段对实现首都绿色可持续发展至关重要。本节重点分析城市垃圾不同处置方式在资源节约方面的差异，以期对水泥行业发展的相关决策起到一定的借鉴作用。

8.3.1　城市垃圾处置概况

城市垃圾一般指城市居民的生活垃圾、商业垃圾、市政管理和维护过程所产生的垃圾。中国是世界上城市垃圾包袱最沉重的国家之一，据统计，全国城市垃圾年产量已经超过 1.5 亿 t，占世界总量的 1/4 以上，历年累计堆放总量高达 70 亿 t，且随着我国城市化进程的加快与城市规模的不断扩大，城市垃圾总量仍在以 8%的速度逐年递增。

截至 2010 年，我国约有 2/3 的城市陷入垃圾围城的困境，全国城市垃圾堆放占用土地总面积已达 5 亿平方米，不仅影响了城市景观，同时也严重污染了自然环境，对城镇居民的健康构成威胁，成为城市发展的棘手问题。在我国，目前常用的城市垃圾无害化处置方式包括卫生填埋、堆肥与焚烧等，建设部发布的《中国城市建设统计年报》显示，三种无害化处置方式的消纳能力占比分别为 82.4%，

4.7%和 12.9%。

在三种城市垃圾无害化处置方式中，目前应用最为广泛的处置方式是卫生填埋，即将城市垃圾填坑并盖土压实，使其发生物理、化学、生物变化，分解有机物质，达到减量化和无害化的目的。近年来，我国卫生填埋技术逐渐完善，在垃圾场底部防渗处理、沼气集中收集以及渗滤液无害化处理等方面均取得了明显进展，避免了露天堆放所产生的部分环境问题。然而，卫生填埋技术仍存在填埋场占地面积大、使用周期短、建设成本高等缺点，并且无法有效利用城市垃圾的潜在资源价值。

堆肥是近些年来发展前景较好的一种城市垃圾处置方式，其处置过程为：将生活垃圾聚堆，保温 70℃，储存、发酵，借助垃圾中微生物的分解能力，将有机物质分解为无机养分。经过堆肥处理后，生活垃圾转变为卫生无味的腐殖质，既解决了垃圾的处理问题，又可达到垃圾再资源化的循环目的。然而，城市垃圾堆肥量大，养分含量低，长期使用易造成土壤板结和地下水质下降；因此，堆肥处置城市垃圾的大规模应用还存在一定的环境因素限制。

第三种常见的城市垃圾处理方式为焚烧，可使垃圾体积缩小 50%～95%，从而解决城市垃圾堆积与卫生填埋处理的占地问题。但是，焚烧过程所释放的大量有害物质，如二噁英、汞蒸气、有毒有害炉渣等，会严重破坏生态环境。此外，建设焚烧设施的经济投入较大，例如，一套日处理垃圾能力为 1000t 的焚烧炉设备的建设成本为 6 亿～8 亿元人民币。

就北京市现状而言，卫生填埋是处理北京城市垃圾的主要方式。北京市目前运行的大部分填埋场建成于 2000 年左右，设计使用寿命为 10～20 年，少数不到 10 年，城区部分填埋场存在超负荷运转现象。面对北京市在新时代蓝图下的发展定位，减量化和资源化是北京市垃圾处理方式发展的必然趋势。

在此背景下，近年来水泥行业提出了利用水泥窑烧成系统协同处置城市垃圾的绿色生产理念。该处置技术一方面利用回转窑系统吸收垃圾燃烧产生的有毒有害气体，另一方面利用垃圾焚烧产生的有害灰渣生产水泥熟料，将其固化在水泥熟料中。通过垃圾预处理、原料成分配比控制与工艺流程调整，真正达成垃圾处理的"三化"目标，实现城市垃圾综合利用，支撑首都经济圈绿色发展。

8.3.2   目标与范围确定

本节分析旨在对比水泥窑协同处置、垃圾焚烧和卫生填埋三类城市垃圾处理方式的资源消耗强度以及资源节约效益，功能单位选取为处理 1t 城市垃圾。

图 8-7 显示了不同处置方式的技术路线，分别为：①垃圾收集后，直接运送至填埋场进行卫生填埋；②垃圾收集后，送入焚烧厂进行焚烧处理，利用焚烧过程所产生的热量进行发电，焚烧灰经处理后填埋；③垃圾收集后，送入焚烧厂进

行焚烧处理,利用焚烧过程所产生的热量进行发电,焚烧灰由水泥窑协同处置;④垃圾收集后,直接运送至水泥厂入窑替代燃料;⑤垃圾收集后,一方面,将其可燃组分和生物组分干化制备成燃料棒,替代水泥窑燃料,另一方面,将其无机组分分拣后入窑替代黏土质原料。

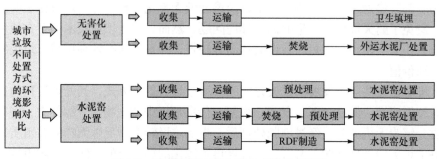

图 8-7 城市垃圾不同处置方式的技术路线

8.3.3 清单分析

8.3.3.1 卫生填埋的资源消耗

城市垃圾卫生填埋的资源消耗主要源于两方面:①城市垃圾分拣、压缩等预处理过程所消耗的电力;②城市垃圾在运输过程中所消耗的燃油。其中,预处理 1t 城市垃圾的耗电量约为 $1.26kW \cdot h$;对于交通运输过程,设定城市垃圾收集地至填埋场的平均距离为 100km,根据我国货物运输的平均能耗,计算获得,在此技术情境中,运输 1t 城市垃圾所消耗的柴油为 5.42kg。

8.3.3.2 焚烧后填埋的资源消耗

城市垃圾焚烧后填埋的直接资源消耗主要源于三方面:①燃烧过程中所消耗的助燃剂燃料油;②垃圾处理过程的电耗;③运输过程的油耗。对于燃料油消耗,燃烧过程的燃料油消耗强度约为 1.61kg/t。对于电耗,焚烧系统的电耗强度约为 $57.12kW \cdot h/t$;按焚烧后干重质量下降 80%计算,预处理每吨城市垃圾产生 200kg 焚烧灰,其填埋过程耗电量约为 $0.252kW \cdot h$;每吨城市垃圾焚烧过程中所产生的热量可发电量 $271kW \cdot h$;由此可知,焚烧后填埋 1t 城市垃圾的耗电量为 $-213kW \cdot h$,即焚烧过程的发电量大于垃圾处置过程的耗电量。对于运输油耗,城市垃圾运输包括两个阶段:收集地至焚烧场(运输城市垃圾)与焚烧厂至填埋场(运输焚烧灰),设定二者的运输距离分别为 100km 与 20km,根据我国货物运输平均能耗计算得到,在此技术情境中,运输 1t 城市垃圾所消耗的柴油为 6.51kg。

8.3.3.3　水泥窑处置垃圾焚烧灰的资源消耗

城市垃圾经焚烧后产生的焚烧灰可用于替代水泥生料中的黏土质矿物。与普通硅酸盐水泥熟料的生产工艺相比，利用焚烧灰生产水泥熟料的工艺过程具有以下特殊性：第一，在进行水泥配料之前，须在预处理系统中去除焚烧主灰中的金属及其他不燃异物(焚烧主灰经过两道磁选设备，再经过特殊筛选设备后方可进入配料仓)；第二，由于垃圾焚烧所产生的飞灰含有较多氯离子，须通过水洗灰系统净化后再进行配料。

该处置方式的资源消耗主要包括以下四方面：①垃圾燃烧过程所消耗的助燃剂燃料油；②替代黏土的资源节约效应；③垃圾处理过程的电耗；④运输过程的油耗。对于燃料油消耗，燃烧过程的燃料油消耗强度与垃圾焚烧处置情景相同，为 1.61kg/t。在替代黏土的资源节约方面，假设焚烧灰可替代相同质量的黏土资源，结合黏土资源开采的清单数据，可得利用 1t 城市垃圾生产水泥熟料的资源节约情况为：黏土 201kg、原煤 1.85×10^{-2}kg、原油 1.71×10^{-1}kg、天然气 1.31×10^{-2}m^3。对于电耗，该处置方式的电耗分别为：焚烧系统的电耗，约为每吨垃圾 57.12kW·h；焚烧灰预处理过程的电耗，假设焚烧后干重质量下降80%，则预处理 1t 焚烧灰的耗电量约为 17kW·h；利用城市垃圾焚烧过程产生的热量进行发电，焚烧每吨城市垃圾可发电 271kW·h；综合考虑各个环节的电力使用情况，可得焚烧后填埋 1t 城市垃圾的耗电量为–197kW·h(即综合用电平衡表现为电力输出)。城市垃圾运输分为收集地至焚烧场(运输城市垃圾)与焚烧场至水泥厂(运输焚烧灰)两个阶段，平均运输距离分别设定为 100km 与 50km(这一运输距离大于运输至填埋场的距离)，根据我国货物运输平均能耗，计算可得焚烧填埋处置 1t 城市垃圾在运输过程中所消耗的柴油量为 8.14kg。

8.3.3.4　水泥窑直接处置城市垃圾的资源消耗

水泥窑直接处置城市垃圾的最大优势是垃圾收集后直接运输至水泥厂，通过发酵处理便可作为补充原料入窑煅烧，避免了焚烧处理过程。水泥回转窑燃烧温度高，物料在窑内停留时间长，窑内处于负压工况，可有效降解各种有毒性、易燃性、腐蚀性危险废弃物。

水泥窑直接处置城市垃圾的资源消耗主要包含以下三方面：①利用城市垃圾的资源节约效应；②生活垃圾预处理过程的电耗；③运输过程的油耗。在资源节约方面，城市垃圾的无机组分，如 SiO_2、Al_2O_3 等，可直接参与水泥熟料烧成反应从而节约矿物消耗；城市垃圾的可燃组分可替代熟料烧成过程所消耗的部分燃料；水泥窑直接处置 1t 城市垃圾所节约的资源量为：原煤 108kg、原油 0.26kg、天然气 0.013m^3、黏土 201kg。对于电力消耗，与处置焚烧灰的技术情景相同，在水泥窑直接处置城市垃圾的技术情景中，进场垃圾需经历预处理过程后方可入窑直接焚烧，过程中水洗等设备的运行需消耗一定电力，通过实际调研获得，直接处置 1t 城市垃圾的耗电量为 35kW·h。对于运输油耗，假设垃圾收集地至水泥厂的平均距离为 100km，根据我国货物运输平均能耗，计算可得运输阶段所消耗的柴油量为 5.42kg。

8.3.3.5　城市垃圾综合处置的资源消耗

该路线利用水泥窑与垃圾衍生燃料(refuse derived fuel, RDF)制造技术协同综合处置城市垃圾。垃圾衍生燃料制造技术是指将垃圾中的可燃物(如塑料、纤维、橡胶、木头、食物废料等)破碎、干燥后，加入添加剂，压缩成所需形状的固体燃料，用以替代化石能源燃料。与传统城市垃圾处置方式相比，在经济方面，水泥窑综合处置城市垃圾的预处理成本较低，加之燃料、原料替代所产生的经济效益，其经济可行性极高；在资源与环境方面，水泥窑综合处置城市垃圾技术路线充分利用城市垃圾的热能，实现了城市垃圾的无害化、减量化处置，具有资源化程度高与环境污染小的特点，其具体技术路线如图 8-8 所示。

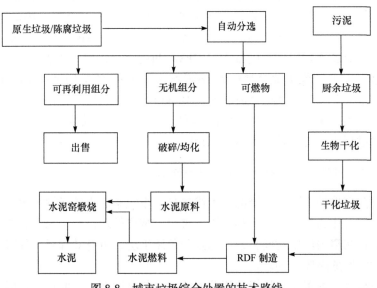

图 8-8　城市垃圾综合处置的技术路线

依照所选定的系统边界，水泥窑综合处置城市垃圾的资源消耗包括以下三方面：①垃圾衍生燃料与城市垃圾的无机组分替代原煤与黏土资源；②垃圾衍生燃料制造及垃圾分拣过程所消耗的电力；③运输过程的油耗。在资源节约方面，垃圾经分拣后，其无机组分可直接替代黏土质原料生产水泥熟料；其可燃组分在被制成垃圾衍生燃料后，可替代燃煤，通常每吨城市垃圾可制得 545kg 垃圾衍生燃料，其热值位于 12500～17500kJ/kg，远高于普通城市垃圾的热值 3500～5000kJ/kg；水泥窑综合处置 1t 城市垃圾所节约的黏土量与原煤量分别为 422kg 与 180kg。在电耗方面，城市垃圾的分拣、预处理过程与垃圾衍生燃料制备过程均消耗一定电力，综合处置每吨城市垃圾的耗电量约为 60.7kW·h。在运输耗油方面，假设城市垃圾收集地至水泥厂的平均距离为 100km，根据我国货物运输平均能耗，计算可得运输 1t 城市垃圾所消耗的柴油量为 5.42kg。

由上述资源消耗情况综合分析，可得城市垃圾不同处置路线的资源消耗清单如表 8-2 所示。

表 8-2　城市垃圾不同处置路线的资源消耗清单

消耗	单位	卫生填埋	焚烧填埋	水泥窑处置焚烧灰	水泥窑直接处置	水泥窑综合处置
黏土	kg/t	1.26		−201	−201	−422
电力	kW·h/t		−213	−197	35	60.7
柴油	kg/t	5.42	6.51	8.14	5.42	5.42
燃料油	kg/t		1.61	1.61		
原煤	kg/t			$−1.85 \times 10^{-2}$	−108	−180
原油	kg/t			$−1.71 \times 10^{-1}$	$−2.60 \times 10^{-1}$	
天然气	m³/t			$−1.31 \times 10^{-2}$	$−1.31 \times 10^{-2}$	

8.3.4　不同处置路线的资源消耗强度对比分析

基于城市垃圾不同处置路线的资源消耗清单，结合资源耗竭㶲因子，计算获得不同处置路线的资源消耗强度(处理 1t 城市垃圾)，如图 8-9 所示。由图可知，卫生填埋、焚烧填埋、水泥窑处置焚烧灰、水泥窑直接处置和水泥窑综合处置的资源消耗强度分别为：365.0MJ、−1927.55MJ、−1780.68MJ、−1909.26MJ 和 −3434.84MJ。

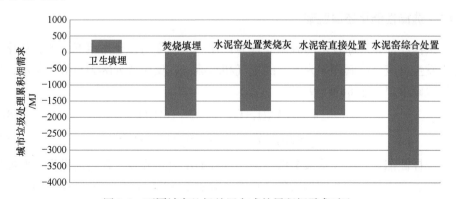

图 8-9　不同城市垃圾处置方式的累积㶲需求对比

对于两种传统填埋处置方式，尽管焚烧填埋过程消耗燃料油与柴油，但是过程所输出的大量电力使得其资源消耗强度(负值)远小于直接卫生填埋处置路线的资源消耗强度。

对于水泥窑处置方式，三种技术路线的资源消耗强度均为负值，表明该处置方式合理利用了废弃物的资源属性，从而净产出有用资源。其中，水泥窑综合处置技术路线的资源消耗强度最小，这是因为：①综合处置过程所节约的黏土原料较多，约为其他两种技术路线的两倍；②虽然制备垃圾衍生燃料需额外消耗一定电力，但是使用垃圾衍生燃料可显著减少水泥熟料生产过程的燃煤消耗，从而有效降低水泥窑综合处理技术路线的资源消耗强度(如本章前文所述，煤炭是水泥熟料生产消耗的最主要的自然资源)。

水泥窑综合处置技术路线的资源消耗强度比焚烧填埋技术路线的资源消耗强度低 78.2%。这一对比结果表明，先制备垃圾衍生燃料后供能技术路线对城市垃圾资源属性的利用程度远高于直接燃烧技术路线，使用垃圾衍生燃料的资源节约量(其所替代的燃煤量与黏土质原料量)远大于其制备过程所额外消耗的资源量。

8.4　水泥窑脱硝系统的资源效率分析

目前，针对控制燃煤锅炉 NO_x 排放的脱硝技术分为低氮燃烧技术和烟气脱硝技术两大类。其中，低氮燃烧技术的脱硝效率通常不超过 60%，应用效果不明显；相比而言，高效率的烟气脱硝技术是多数发达国家普遍采用的 NO_x 减排技术。烟气脱硝技术包括选择性催化还原(selective catalytic reduction, SCR)、选择性非催化还原(selective non-catalytic reduction, SNCR)、液体吸收、固体吸附、等离子活化、催化分解等技术类型，其中选择性催化还原和选择性非催化还原是目前应用最为广泛的烟气脱硝技术。

8.4.1　选择性催化还原脱硝

选择性催化还原技术的脱硝原理为：在一定温度与催化作用下，使氮氧化物与氨发生反应，将其还原为无害的氮气和水蒸气，反应式如(8-2)与(8-3)所示，过程的脱硝效率可达 80%～90%。

$$4NO+4NH_3+O_2 =\!\!= 4N_2+6H_2O \tag{8-2}$$

$$8NH_3+6NO_2 =\!\!= 7N_2+12H_2O \tag{8-3}$$

选择性催化还原技术最早由美国 Engelhard 公司开发，是目前世界上发展最为成熟、应用最为广泛的烟气脱硝技术，分别于 1977 年和 1979 年在燃油锅炉和燃煤锅炉上投入商业运营，并在日本、西欧和美国等发达国家的电站废气治理领域得到迅速推广(选择性催化还原技术已在欧洲 120 多个大型燃煤锅炉烟气脱硝项目中得到应用；日本大约拥有 170 余套选择性催化还原脱硝设备，近 100GW 容量的发电厂安装了选择性催化还原脱硝设备)。在我国，由于催化材料主要依赖于进口，且催化剂的再生处理目前仍停留在实验室研究阶段，选择性催化还原技术尚未取得大规模应用。

8.4.2　选择性非催化还原脱硝

选择性非催化还原脱硝技术不使用催化剂，工艺过程以炉膛为反应器，反应所需温度较高，为 900～1200℃，反应式为

$$4NH_3+6NO == 5N_2+6H_2O \tag{8-4}$$

与选择性催化还原脱硝技术相比，选择性非催化还原脱硝技术不消耗催化剂，对旧设备的改造较小，是一种成本较低的烟气脱硝技术。20 世纪 70 年代中期，日本的某些电厂开始采用选择性非催化还原技术进行烟气脱硝，发展至今，全球安装选择性非催化还原设备的火电厂的总装机容量已超过 5GW。选择性非催化还原脱硝技术的不足之处在于其反应温度较高，且需精细控制以保证脱硝效率以及避免氨气被氧化为 NO_x。选择性非催化还原技术的脱硝效率最高可达 70%～80%。

8.4.3　水泥窑脱硝的资源效率

8.4.3.1　目标、范围及功能单位

本节旨在定量分析将选择性催化还原脱硝(选择性催化还原)技术与选择性非催化还原脱硝技术应用于水泥窑脱硝处置的生命周期资源节约效益。系统边界包括脱硝技术运行的直接资源消耗以及脱硝过程所消耗各类原料的上游获取阶段，由于缺乏相关数据，暂不考虑制造脱硝设备的资源影响。功能单位选取为生产 1t 水泥熟料，假定生产地点位于我国华北地区(确定生态情景)。

8.4.3.2　选择性催化还原脱硝(选择性催化还原)技术的资源效率

计算所依据的原始数据取自典型水泥熟料生产企业的连续测试数据、环境保护监测中心的检测数据以及选择性催化还原中试设备的运行数据。选择性催化还原设备主要包括反应器和辅助设施(如吹灰器等)；其中，卸氨压缩机、稀释风机、喷氨混合装置和吹灰装置的运行过程需消耗一定电力，此外，由于选择性催化还原反应器增大了烟气阻力，为保持气体流量稳定，需要增加引风机的功率，从而造成风机电耗的增加。与生产 1t 水泥熟料相对应的选择性催化还原设备运行过程所消耗的电力为 10kW·h。相关研究成果显示，在不运行脱硝设备的情况下，1t

水泥熟料生产过程的 NO_x 排放量为 2.37kg，如若采用选择性催化还原技术进行脱硝处理，则生产过程的 NO_x 排放量仅为 0.34kg，此处理过程的氨气消耗量为 1.408kg、催化剂耗损量为 0.03kg。生产 1kg 催化剂的直接能源消耗量为 2.243MJ、氮释放量为 0.00639kg。合成氨生产过程的直接资源消耗量(输入)与氮硫释放量(输出)见表 8-3。

表 8-3　生产 1t 合成氨的直接输入输出

输入输出	项目	单位	数量
资源能源输入	电力	kW·h	1300
	原料煤	kgce*	1200
	燃料煤	kgce	340
污染物输出	NO_x	kg	16.7
	SO_x	kg	1.35

* kgce 为千克标准煤。

在非生物资源消耗方面，基于上述数据，计算获得，在 1t 水泥熟料的生产过程中，选择性催化还原设备运行的直接耗电量为 36MJ，所消耗氨气和催化剂在上游生产阶段的间接耗电量分别为 6.59MJ 和 2.24MJ，选择性催化还原设备运行的非生物资源消耗强度为 44.83MJ；在生物资源消耗方面，所选定的生产地点位于我国华北地区，应用前文第 7 章中的区域生物资源损害因子，可得与生产 1t 水泥熟料相对应的选择性催化还原设备运行过程所造成的生物资源损失量为 482.8MJ。综合考虑生物资源消耗与非生物资源消耗可知，每生产 1t 水泥熟料，选择性催化还原脱硝系统运行消耗的自然资源量为 527.67MJ；另外，应用选择性催化还原技术可减排 2.032kg NO_x，所相应避免的生物资源损失量为 40792.7MJ，是脱硝系统运行资源消耗强度的约 77 倍，这表明将选择性催化还原脱硝技术应用于水泥窑具有明显的资源节约效益。

8.4.3.3　选择性非催化还原脱硝技术的资源效率

计算所依据的原始数据取自典型水泥熟料生产企业的连续测试数据、环境保护监测中心的检测数据、选择性非催化还原技术应用的工程经验数据以及脱硝设备试运行数据。选择性非催化还原技术使用氨作为还原剂处理氮氧化物，将氨稀释为 20%～25%的氨水(新鲜水消耗速率仅为 280～400kg/h，低于水泥生产耗水率的 1%)，在 850～1100℃的温度区域内，还原剂持续与烟气中的 NO_x 反应生成 N_2 和 H_2O。

在 1t 水泥熟料的生产过程中，选择性非催化还原设备运行的还原剂消耗量为

1.408kg(与选择性催化还原技术相同)、直接耗电量为 6kW·h(小于选择性催化还原技术)、NO_x 减排量为 1.524kg(小于选择性催化还原技术)。在资源消耗方面，根据表 8-3 中合成氨的清单数据，计算得到，与生产 1t 水泥熟料相对应的选择性非催化还原设备运行过程所消耗的非生物资源量为 28.2MJ、生物资源量为 478.0MJ、综合自然资源总量为 507.2MJ。在资源节约方面，应用选择性非催化还原技术的 NO_x 减排量为 1.524kg，所相应避免的生物资源损失量为 30594.5MJ，是其运行过程资源消耗量的约 60 倍。尽管选择性非催化还原技术的脱硝效果弱于选择性催化还原技术，但将二者应用于水泥窑均具有明显的资源节约效益。

参 考 文 献

李琛, 2015. 基于生命周期分析的水泥窑炉 NO_x 减排技术评价研究. 北京: 北京工业大学.

裴真, 巴山, 2012. 近十年我国水泥工业发展宏观政策回顾及今后取向分析. 中国建材, 3: 104-109.

孙博学, 2013. 材料生命周期评价的焓分析及其应用. 北京: 北京工业大学.

雷前治, 2014. 中国建筑材料工业年鉴 2013. 北京: 中国建材工业出版社.

中国建筑材料联合会信息部, 中国建材数量经济监理学会, 2012. 2011 年水泥产量和产能统计分析报告. 中国水泥, 3: 10-12.

中国水泥协会, 2014. 中国水泥年鉴 2013. 北京: 中国建材工业出版社.

Li C, Nie Z, Cui S, et al., 2014. The life cycle inventory study of cement manufacture in China. J. Clean. Prod., 72: 204-211.

Li C, Cui S, Nie Z, et al., 2015. The LCA of portland cement production in China. Int. J. Life Cycle Assess, 20(1): 117-127.

第9章　典型金属材料生产的资源消耗强度分析

金属材料包括黑色金属材料(铁、锰、铬)和有色金属材料(铝、镁、铜等)，是构建现代化经济体系、发展可持续工业文明的物质基础。本章系统量化了不同钢铁生产工艺(高炉转炉与电炉)与不同金属铝生产工艺(原铝与再生铝)的资源消耗强度，确定了在钢铁生产流程中实施污染物减排技术的资源效率。在此基础上，还定量分析了以金属铝为原材料替代钢铁材料制造汽车零部件的综合资源节约潜力，弥补了传统研究仅考虑材料轻量化节能效益的不足。

9.1　钢铁生产的资源消耗强度分析

钢铁工业是指生产生铁、钢、钢材、工业纯铁和铁合金的工业，它是世界所有工业化国家的基础工业之一，也是衡量各国经济实力的一项重要指标。工业革命以来，钢铁材料一直在经济建设和现代文明发展中起着重要的作用，即使在各类新材料层出不穷的今天，其他材料亦无法全面而经济地取代钢铁材料的地位。本节着重对比分析不同钢铁生产流程的资源消耗强度，确定在钢铁生产流程实施典型减排技术的资源效率。

9.1.1　我国钢铁工业发展现状

中国是全球最大钢铁生产国，图 9-1 为自 2000 年以来，我国不同年份粗钢产量。世界钢铁协会发布的统计数据显示，2016 年全球粗钢总产量为 16.27 亿 t，其中约一半产自我国。

另一方面，作为资源、能源密集型基础制造业，我国钢铁行业高速发展的资源代价是大量天然矿石、化石能源、新鲜水等自然资源的耗竭。资源消耗强度是衡量钢铁行业可持续发展水平的重要因素，目前，钢铁行业常规发布的统计资料中包括若干资源消耗指标，例如，入炉焦比、喷煤比、综合能耗、钢铁料等，然而，现存指标仅能反映钢铁生产资源消耗的某一方面信息，无法全面反映钢铁生产所造成的综合资源消耗，即无法解决不同类型资源的统一表征问题。本节以资源耗竭㶲表征指标为方法基础，定量分析不同钢铁生产工艺的资源消耗强度。

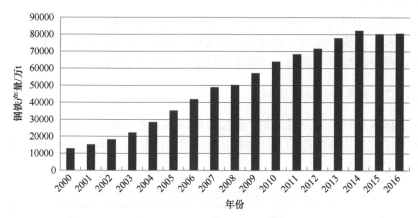

图 9-1　我国不同年份的粗钢产量

9.1.2　高炉转炉工艺的资源消耗强度分析

9.1.2.1　目标与范围的确定

由《中国钢铁工业年鉴 2012》可知，高炉转炉工艺生产的粗钢量占我国粗钢总产量的 90% 左右，是国内钢铁生产的主流工艺。图 9-2 为本节计算分析的系统

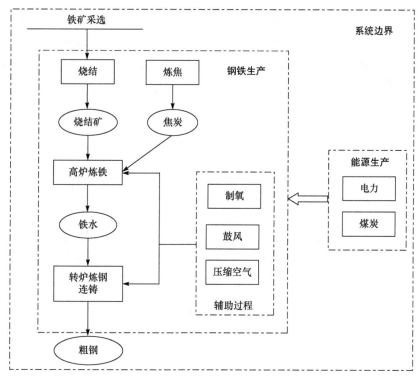

图 9-2　高炉转炉流程的系统边界

边界，涵盖了钢铁生命周期(摇篮到大门)的各个阶段，包括钢铁生产的主流程：烧结、炼焦、炼铁、炼钢、连铸；辅助过程：制氧、鼓风、压缩空气；以及相关能源产品的上游生产与运输。功能单位设定为生产 1t 粗钢。

9.1.2.2　资源消耗清单编制

依托国家基础研究发展计划，通过调研国内某大型钢铁生产企业，编制获得高炉转炉工艺各主要流程的直接物料、能源消耗情况如表 9-1 所示(表中数据与功能单位相对应)。

表 9-1　高炉转炉炼钢的资源消耗清单

消耗		单位	焦化	烧结	炼铁	炼钢
资源输入	洗精煤	kg/t	431.06			
	新鲜水	t/t	0.61	0.08	0.50	1.20
	精矿	kg/t		213.12		
	粉矿	kg/t		848.86		
	块矿	kg/t			319.2	
	铁水	kg/t				1020.27
	烧结矿	kg/t			1345.14	
	冶金白灰	kg/t		32.66	75.00	55.00
	石灰石	kg/t		311.10		
	白云石	kg/t				29.00
	萤石	kg/t				4.00
	废钢	kg/t				55.40
	碎铁	kg/t			19.49	
能源输入	冶金焦	$N \cdot m^3/t$			292.38	
	喷煤	$N \cdot m^3/t$			163.91	
	焦粉	$N \cdot m^3/t$		66.60	35.03	
	高炉煤气	$N \cdot m^3/t$	190.03		482.27	
	焦炉煤气	$N \cdot m^3/t$	25.14	4.32	8.25	16.54
	电耗	$kW \cdot h/t$	6.73	20.08	13.32	28.71
	氧	$N \cdot m^3/t$			47.26	58.72
	氮气	$N \cdot m^3/t$	1.88		50.25	58.00

续表

消耗	单位	焦化	烧结	炼铁	炼钢
压缩空气	N·m³/t	2.77		15.08	143.98
氩气	N·m³/t				2.80
鼓风	N·m³/t			868.55	
蒸汽	kg/t	45.77	18.71	24.52	64.61

9.1.2.3 高炉转炉炼钢的资源消耗强度

以生产流程资源清单数据和各类资源耗竭㶲因子为基础，计算得到高炉转炉工艺生产粗钢的资源消耗强度为20.244GJ/t,具体资源流动情况如图9-3所示。图9-3中，"辅助过程"包括制氧、鼓风与空气压缩；"物质"包括天然矿物和新鲜水；各工序阶段(烧结、焦炭、高炉)数值表示与生产吨粗钢相对应的各中间产品生产的资源消耗强度。图9-3中的箭头方向指示了资源在生产过程中的累积流动方向，例如，粗钢生产的资源消耗强度即为投入到转炉连铸流程的铁水、电力、辅助过程与其他物料的㶲表征结果的总和。

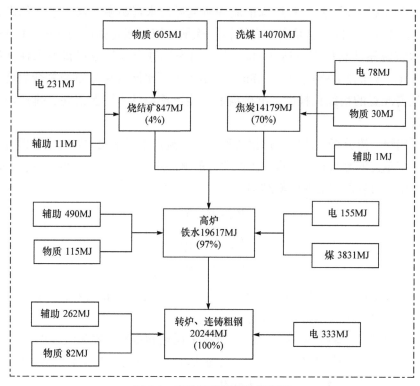

图9-3 高炉转炉炼钢的资源流

9.1.2.4　高炉转炉炼钢的水资源消耗分析

高炉转炉炼钢的水资源消耗包括上游水耗和流程水耗两部分。对于上游水耗，本节计算重点考虑能源获取阶段的间接水资源消耗，而忽略矿物获取阶段的水资源消耗。基于第6章中的基础能源水资源消耗系数以及高炉转炉炼钢的资源消耗清单可计算获得高炉转炉炼钢的上游水资源消耗量，如表9-2所示。

表9-2　高炉转炉炼钢的上游水资源消耗

流程	单位	数值
焦化	kg	1.08×10^3
烧结	kg	2.47×10^3
炼铁	kg	2.37×10^2
炼钢	kg	3.01×10^3
热轧	kg	2.70×10^3
总计	kg	9.49×10^3

对于流程水耗，高炉转炉炼钢流程所消耗的水资源主要被用于冷却设备和产品、提供蒸汽、除尘洗涤等。高炉转炉炼钢的流程水耗强度为 $160\sim170m^3/t$，其中水资源循环利用率可达 96%以上，国内先进企业的流程新鲜水耗强度为 $3\sim4m^3/t$，废水排放强度约为 $1.8m^3/t$。由于工厂水网管道分布的复杂程度远超计量设备配置的精细化程度，准确编制分生产流程的水资源消耗、排放清单十分困难。

采用物质流分析方法解构炼钢流程水耗，流入生产单元的新鲜水资源补充了流出生产单元的废水和蒸发水，生产单元的循环水量恒定，公式(9-1)~(9-3)反映了单元生产过程的水资源平衡结构。

$$W_P = W_F + W_C \tag{9-1}$$

$$W_F = W_L + W_E \tag{9-2}$$

$$W_P = W_L + W_E + W_E \tag{9-3}$$

式中，W_P、W_F、W_C、W_L 和 W_E 分别代表单元生产过程中的总水耗、新鲜水耗、循环水量、蒸发损失水量和排放量。

计算获得高炉转炉炼钢的流程水资源消耗量和水资源损失流向如表 9-3 和图 9-4 所示，高炉转炉工艺生产 1t 钢的新鲜水耗 W_F 为 4.852t，蒸发损失水量 W_L 为 2.779t，废水排放量 W_E 为 1.803t。

表 9-3　高炉转炉炼钢的流程水耗清单

项目	新鲜水耗 W_F/[m³/(t·s)]	蒸发损失水量 W_L/[m³/(t·s)]	排放量 W_E/[m³/(t·s)]
焦化	0.452	0.367	0.085(至污水处理)
烧结	0.35	0.35	—
炼铁	1.751	0.394	1.357(至污水处理)
炼钢	0.569	0.569	—
连铸	0.536	0.466	0.07(至污水处理)
热轧	0.924	0.632	0.292(至污水处理)
污水处理	—	0.001	1.803(至自然水体)
总计	4.582	2.779	1.803(至自然水体)

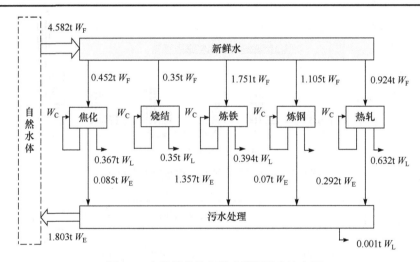

图 9-4　高炉转炉炼钢的水资源损失流向图

综合上游水耗数据和流程水耗数据,可得高炉转炉炼钢的水资源消耗途径和消耗结构如图 9-5 和图 9-6 所示。由图可知,水资源经过蒸发、固化和排污三种消耗形式,分别进入大气圈、产品和水圈;高炉转炉炼钢的上游水耗明显高于其流程水耗,这是因为生产过程所消耗的能源产品在其上游获取阶段的耗水强度较大。

采用第 6 章所建立的水资源耗竭评价模型对高炉转炉炼钢的水资源消耗清单进行特征化处理,计算得到高炉转炉炼钢的水资源耗竭指数,如图 9-7 所示。进入高炉转炉炼钢系统的自然水资源总量为 2199MJ,生产过程所造成的水资源耗竭量为 1334MJ,返回自然水体的水资源量为 865MJ。蒸发和固化是水资源耗竭的主要形式(1334MJ),由污水排放所造成的水资源耗竭量较小(0.038MJ)。

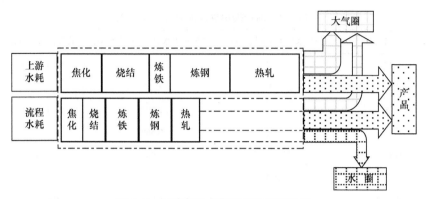

图 9-5　钢铁产品水资源消耗途径解析

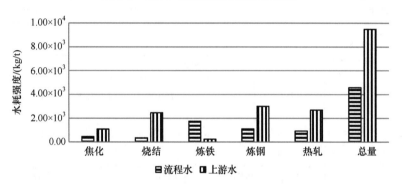

图 9-6　上游水耗强度与流程水耗强度对比

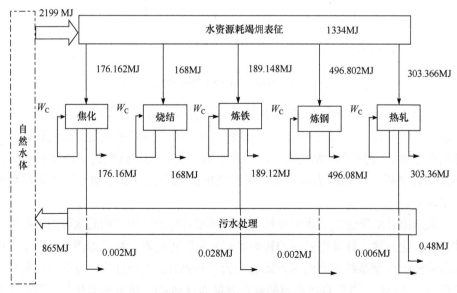

图 9-7　高炉转炉炼钢的水资源耗竭㶲表征

图 9-8 为高炉转炉炼钢的水资源耗竭表征结果解析，由图可知，高炉转炉炼钢的水资源耗竭强度为 5.89GJ，其中上游水资源耗竭量和流程水资源耗竭量分别为 4.56GJ 和 1.33GJ。

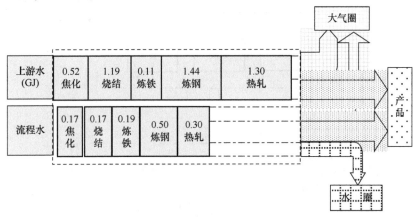

图 9-8　水资源耗竭烟表征结果解析

9.1.3　电炉工艺的资源消耗强度

电炉炼钢是一种以废钢为主要原料，利用电弧热效应熔炼金属，特别是高质量合金钢的炼钢方法，是仅次于高炉转炉炼钢的第二大炼钢方法，具有节能、低碳、环保等优点，是实现短流程钢铁生产的核心技术。从全社会钢铁物质流循环的角度考虑，高炉转炉炼钢与电炉炼钢的生产目的明显不同：高炉转炉炼钢的生产目的是"正向"提取天然矿物中的铁元素，而电炉炼钢的生产目的则是"逆向"提取废弃产品中的铁元素。全球电炉钢产量占钢铁总产量的 30% 左右，某些发达国家(如美国)的电炉钢产量比例高达 60% 左右。由于我国钢铁行业发展起步较晚，废钢积累量较小，电炉钢产量比例远低于世界平均水平，具有较大的提升空间。

9.1.3.1　目标与范围

图 9-9 为电炉炼钢工艺的系统边界，其主要生产流程包括电炉熔炼与连铸。功能单位设定为生产 1t 电炉粗钢。

高炉转炉工艺以天然铁矿石为主要生产原料，而电炉工艺则以废钢和铁水为主要生产原料，两种工艺所消耗物料的建模范围之间具有明显区别。对于电炉炼钢所消耗的物料(铁水与废钢)，其中，中间产品铁水的累积资源消耗量可由高炉制铁流程的资源投入计算获得，而废钢的累积资源消耗量则不等同于转炉炼钢流程的资源投入；这是因为转炉炼钢所产出的粗钢是后续钢铁产品而非废钢的原材料(废钢仅是丧失使用性能的钢铁物质，并非由粗钢进一步加工获得)，废钢的获取边界只包括废钢的收集、处理与运输。废钢处理方法因废钢的形状和材质而异，难以获得其详细数据，本节计算重点考虑废钢运输阶段的资源消耗，运输方式为公路运输，运输距离选取为全国公路货物运输的平均运输距离。

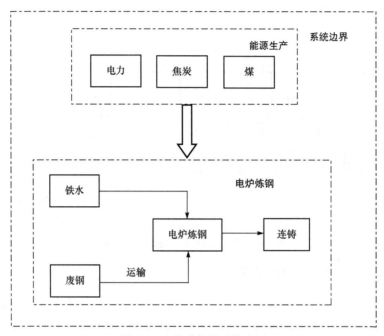

图 9-9　电炉炼钢的系统边界

9.1.3.2　资源消耗清单编制

表 9-4 为 1t 电炉钢生产的分流程资源消耗清单(原料铁水比例为 30%、废钢比例为 70%)，表中数据部分取自企业调研，部分源于文献资料。

表 9-4　电炉炼钢生产资源消耗清单

消耗	单位	炼钢	连铸
废钢	kg/t	753	—
铁水	kg/t	322	—
电力	kW·h/t	307	26.55
新鲜水	kg/t	—	500
燃料油	kg/t	—	2.77
柴油	kg/t	—	0.08
焦炭	kg/t	0.47	7.34
煤	kg/t	—	4.85
氧气	N·m³/t	—	7.7

9.1.3.3　电炉炼钢累积㶲的计算

基于表 9-4 中的资源消耗清单数据，计算得到电炉炼钢的资源消耗强度为 11.35GJ/t，比高炉转炉炼钢的资源消耗强度低约 44%。图 9-10 显示了电炉工艺生产 1t 粗钢的资源流动情况，图中，"辅助过程"代表制氧过程，"物质"包括矿物和新鲜水，箭头方向指示了资源在电炉炼钢过程中的累积流动方向。

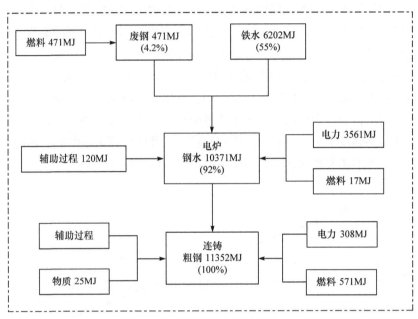

图 9-10　电炉炼钢的资源流

9.1.3.4　铁水比对电炉炼钢资源消耗强度的影响

铁水比是影响电炉炼钢资源消耗强度的重要参数，本节计算选取热装铁水比为 30%，然而，有文献报道，通过适当技术可使铁水比提高至 50% 以上，甚至达到 70%；提高热装铁水比可有效降低电炉炼钢的电耗，在 40%～65% 的范围内，热装铁水比每增加 1%，生产电耗强度降低约 6kW · h/t，当热装铁水比达到 60% 时，生产电耗强度约为 133kW · h/t，远低于热装铁水比为 30% 时的生产电耗强度；此种核算方式的边界范围仅限于电炉炼钢过程，而忽略了铁水自身的累积资源消耗量。从生命周期角度分析，当热装铁水比为 60% 时，电炉炼钢的资源消耗强度为 15.03GJ/t，比 30% 热装铁水比的资源消耗强度高约 32.4%，这是因为铁水使用量的增加一方面可降低电力消耗与废钢消耗，从而降低废钢运输阶段与电力生产阶段的资源消耗量，但另一方面，上游铁水生产阶段的资源消耗量会增加电炉炼钢系统的资源消耗强度，综合定量比较，1% 热装铁水比的增加可使废钢运输阶段与电力生产阶段的资源消耗量降低 77MJ，而由此所带来的上游铁水生产阶段的资源消耗量高达 207MJ。

由上述分析可知，废钢运输距离在一定程度上决定了增加热装铁水比的资源效益，本节计算所选取的废钢运输距离为全国货运距离的平均值，这与实际情况可能存有一定偏差，因此，还须定量分析废钢运输距离对热装铁水比资源效益的影响。废钢运输距离愈大，增加热装铁水比的资源节约效益愈明显，当废钢运输距离超过某一临界值时，增加热装铁水比所产生的废钢、电力资源节约量将与其上游生产阶段的资源消耗量持平，此距离即为废钢运输的临界距离。

图 9-11 为废钢临界运输距离的计算结果，由图可知，此临界距离为 3513km。当废钢运输距离大于临界距离时，增加热装铁水比可降低电炉炼钢的资源消耗强度，与之相反，当废钢运输距离小于临界距离时，增加热装铁水比会导致电炉炼钢的资源消耗强度上升。3513km 已明显超过了常规公路运输距离，因此，在实际生产中，增加热装铁水比并不能降低电炉炼钢的资源消耗强度。

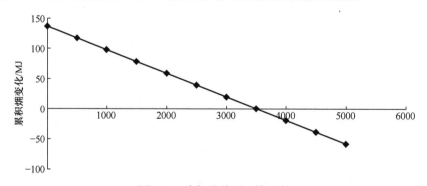

图 9-11　废钢的临界运输距离

9.1.4　钢铁生产脱硫的资源效率

钢铁生产的烧结工序会排放大量 SO_2，通过脱硫设备控制烧结工序的硫排放可显著降低钢铁生产的环境影响。判断脱硫设备运行是否具有资源效益需综合考虑由 SO_2 减排所避免的生物资源耗竭量与脱硫设备运行过程所造成的非生物资源耗竭量。

9.1.4.1　石灰石湿法脱硫技术

本节计算以目前发展最为成熟的石灰石湿法脱硫技术为对象。该技术系统主要由石灰石浆液制备系统、烟气系统、SO_2 吸收系统、排空及装液抛弃系统、石膏脱水系统、废水处理系统、压缩空气系统组成。含硫烟气从烟道进入吸收塔后，经过多喷淋层吸收段，与雾化的石灰石浆液均匀接触、充分传质，酸性气体成分被高效吸收，温度降至饱和状态；SO_2 被吸收后，位于吸收塔底部的储液区将与吸收剂发生氧化中和反应，形成一定浓度的石膏浆液，并由吸收塔浆池排出，进入脱水系统进行脱水处理以获得最终产品。

　　石灰石湿法脱硫工艺运行过程的直接资源输入包括生石灰粉、电力、水、蒸汽及压缩空气；直接物质输出包括废气、固体废弃物及处理后的烟气；间接输入输出主要包括脱硫设备、电力、蒸汽、压缩空气等在上游获取阶段的资源输入与环境释放。

9.1.4.2　目标与范围

　　本节分析旨在确定在钢铁生产系统中配置运行脱硫设备的资源效率。在资源投入方面，重点考虑脱硫设备生产阶段的材料消耗与运行阶段的资源消耗；在资源效益方面，量化 SO_2 减排行为所避免的生物资源损失。

9.1.4.3　石灰石湿法脱硫系统的资源效率分析

　　表 9-5 为石灰石湿法脱硫系统所涉及各主要设备在上游制备阶段的材料消耗清单。基于前文计算得到的钢铁生产资源消耗强度，可将制备脱硫设备的材料消耗量转化为自然资源消耗量。

表 9-5　石灰石湿法脱硫系统主要设备材料及生产造成的资源损失

设备	主要材料	数量/kg	生产造成的资源损失/MJ
	钢板	3.51×10^5	2.27×10^7
烟气系统	无缝钢管	4.73×10^4	3.05×10^6
	型钢	2.19×10^5	1.41×10^7
吸收塔系统	碳钢	5.71×10^5	3.69×10^7
石膏浆处理系统	铸铁	2.19×10^4	1.27×10^6
	碳钢	2.05×10^3	1.32×10^5
工艺水系统	铸铁	6.20×10^3	3.59×10^5
石灰石浆液系统	碳钢	4.17×10^5	2.69×10^7
	铸铁	4.35×10^3	2.52×10^5
排水系统	碳钢	1.11×10^5	7.14×10^6
	不锈钢	1.80×10^3	1.16×10^5

设备	主要材料	数量/kg	生产造成的资源损失/MJ
压缩空气系统	铸铁	80	4.64×10^3
废水处理系统	不锈钢	1.20×10^3	7.75×10^4
总资源损失			1.13×10^8

处理 1t 粗钢生产过程所排放的二氧化硫，石灰石湿法脱硫系统需消耗生石灰粉 1.4kg、水 $18.39m^3$、电力 $7.2kW \cdot h$、蒸汽 0.36kg、压缩空气 $0.018m^3$，相应资源耗竭量见表 9-6。

表 9-6　石灰石湿法脱硫系统运行的非生物资源消耗强度

过程输入	资源损失/MJ
生石灰粉	11
水	0
电	41.9
蒸汽	5.79×10^{-4}
压缩空气	6.69×10^{-3}
总量	52.9

由上述计算结果可知，脱硫设备制造阶段的资源消耗量为 1.13×10^8MJ，此外，每生产 1t 粗钢，石灰石湿法脱硫系统运行的自然资源消耗量为 52.9MJ，所避免的自然资源损失量为 2550.87MJ，因此，只要脱硫设备使用寿命期内企业的粗钢产量超过 45239t，脱硫设备的安装运行即具有资源节约效益，而目前我国钢厂的设计规模均远超这一临界值(45239t)。

9.2　金属铝生产的资源消耗强度分析

我国是全球最大的金属铝生产国和消费国，在铝工业科技创新方面取得了优异成果，已成为推动世界铝工业发展进步的重要力量。本节定量对比了原铝与再生铝生产的资源消耗强度，在此基础上，分析了以金属铝为原材料替代钢铁材料制造汽车零部件的资源节约潜力。

9.2.1　我国铝工业发展现状

进入 21 世纪以来，我国铝及铝加工行业发展迅猛。如图 9-12 所示，2016 年，我国原铝和再生铝产量已高达 3164 万 t 和 640 万 t，约占全球金属铝总产量的一半。与此同时，铝工业高速发展所带来的资源压力亦不容忽视，2016 年，电解铝能耗占我国全社会用电总量的 7.5%。

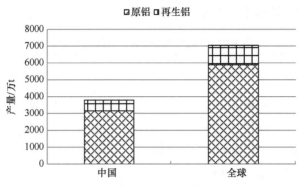

图 9-12　我国金属铝产量及其全球占比

9.2.2　原铝生产资源消耗强度分析

9.2.2.1　目标与范围

图 9-13 为原铝生产的系统边界(摇篮到大门)，其主要流程包括铝土矿开采、氧化铝制备、碳素阳极生产、铝电解与铝锭铸造。计算的功能单位选定为生产 1t 原铝。

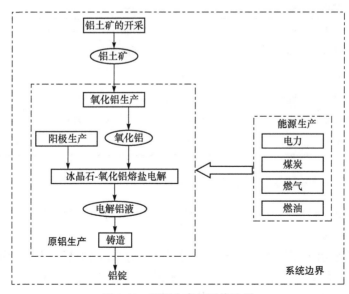

图 9-13　原铝生产的系统边界

9.2.2.2　原铝生产的资源消耗清单

铝土矿开采阶段的资源消耗数据取自《中国有色金属工业年鉴 2010》和《中国有色金属工业年鉴 2011》，其他生产流程的资源投入数据源于课题组自主开发的材料生命周期评价数据库，如表 9-7 所示。

表 9-7　原铝生产各阶段的资源消耗清单

消耗		单位	铝土矿开采	氧化铝生产	碳素阳极	铝电解	铝铸造	总清单
能源	电力	kW·h/t	24.2	614	94.6	1.38×10^4	178	1.47×10^4
	煤炭	kg/t	5.37	474	—	—	—	480
	天然气	m³/t	0.592	94.8	—	—	16.7	112
	汽油、柴油	kg/t	1.58	—	—	—	—	1.58
	煤气	m³/t	—	259	486	—	125	870
	燃料油	kg/t	—	56.6	26.1	—	15.6	98.3
	焦炭	kg/t	—	53.8	—	—	—	53.8
天然资源	铝土矿	kg/t	—	4.42×10^3	—	—	—	4.42×10^3
	石灰石	kg/t	—	2.90×10^3	—	—	—	2.90×10^3
	水	kg/t	—	6.70×10^3	—	—	—	6.70×10^3
	冰晶石	kg/t	—	—	—	5.00	—	5.00
	氟化铝	kg/t	—	—	—	20.2	—	20.2
中间产品	石油焦	kg/t	—	—	401	—	—	—
	煤沥青	kg/t	—	—	80.9	—	—	—
	纯碱	kg/t	—	236	—	—	—	—
	氧化铝	kg/t	—	—	—	1.92×10^3	—	—
	碳阳极	kg/t	—	—	—	426	—	—
	电解铝液	kg/t	—	—	—	—	1.00×10^3	—

9.2.2.3　原铝生产资源消耗强度的计算

采用资源耗竭㶲因子对表 9-7 所列清单数据进行特征化处理，计算得到我国原铝生产的资源消耗强度为 220.48GJ/t。

图 9-14 显示了原铝生产系统中的资源流动情况，图中箭头方向指示了资源在生产过程中的积累流动方向。图中的"物质"项包括铝土矿、石灰石、冰晶石、氟化铝和水；"燃料"项包括煤炭、燃油和燃气。阳极生产过程所消耗的主要原料

为石油焦与煤沥青，其中，石油焦由重油经热裂转化制得、煤沥青是焦化副产物煤焦油经蒸馏后得到的产品，受限于数据的可获得性，计算过程忽略了上述两种物料在前端生产过程中所消耗的自然资源。

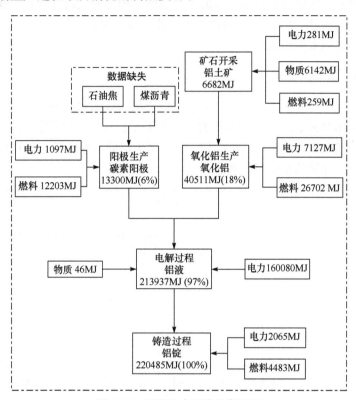

图 9-14　原铝生产系统的资源流

图 9-15 显示了不同类型资源在原铝生产资源消耗强度计算结果中的占比。由图可知，电力是原铝生产资源消耗强度的首要贡献者，占比约为 77.4%，其次分别为燃气、燃煤和燃油，其他资源所占比例最小，约为 2.8%。

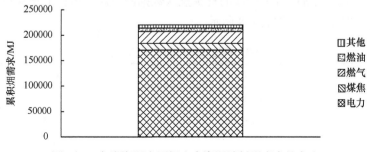

图 9-15　各类资源在原铝生产资源消耗强度中的占比

9.2.3 再生铝生产资源消耗强度分析

金属铝再生是对各种含铝废料进行回收、重熔、精炼、合金化、浇铸，以获得符合使用要求的铝及铝合金产品的生产过程。根据相关统计资料，我国每年回收废铝、杂铝超过 50 万 t，现有再生铝企业 2000 多家，再生铝工业已成为我国有色金属工业的重要组成部分。

9.2.3.1　目标与范围

再生铝生产与原铝生产之间的关系类似于电炉炼钢和高炉转炉炼钢之间的关系。如图 9-16 所示，原铝生产的目的是提取天然矿物中的铝元素，而再生铝生产的目的则是提取废弃含铝产品中的铝元素。再生铝的系统边界为图 9-16 中的"再生铝"部分，计算的功能单位选定为生产 1t 再生铝。

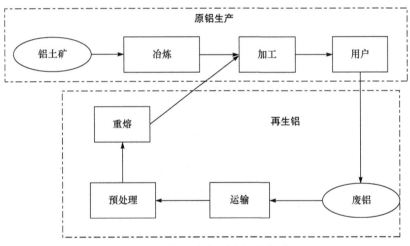

图 9-16　原铝生产与再生铝生产对比

9.2.3.2　再生铝生产的资源消耗清单

再生铝生产系统中各个阶段的资源投入数据源自课题组自主开发的材料生命周期评价数据库，结果如表 9-8 所示。

表 9-8　再生铝生产的资源消耗清单

消耗		单位	运输	预处理	熔炼	总清单
能源	电力	kW·h/t	—	64.1	193	257
	焦炭	kg/t	—	—	42.5	42.5
	煤气	m³/t	—	—	341	341
	天然气	m³/t	3.38×10^{-3}	—	22.4	22.4

续表

	消耗	单位	运输	预处理	熔炼	总清单
能源	燃料油	kg/t	—	—	26.6	26.6
	原煤	kg/t	2.46	—	—	2.46
	原油	kg/t	56.1	—	—	56.1
物质	新鲜水	kg/t	—	0.836	18	18.836
中间产品	总废料	kg/t	—	1.34×10^3	—	1.34×10^3
	废铝	kg/t	—	—	1.13×10^3	1.13×10^3

9.2.3.3　再生铝生产资源消耗强度的计算

采用资源耗竭烟因子对再生铝生产的资源消耗清单进行特征化处理,计算得到再生铝生产的资源消耗强度为 17.5GJ/t(图 9-17),仅为原铝生产资源消耗强度的 8%,由此可见,回收再利用各类含铝废弃物可极大地节约自然资源。图 9-17 中的"物质"项仅包括新鲜水(再生铝生产的原料并非天然矿石);"燃料"项包括焦炭、煤气、天然气、燃料油、原煤和原油。

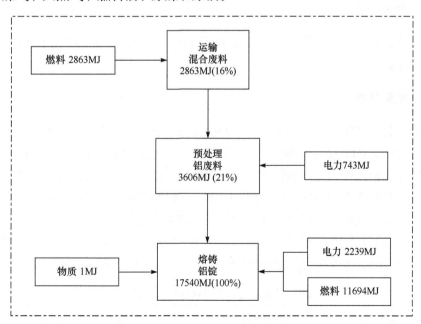

图 9-17　再生铝生产系统的资源流

图 9-18 显示了各类资源在再生铝生产资源消耗强度计算结果中的占比。由图可知,燃气占比最大,为 47.8%,其次分别为燃油(26%)、电力(17%)和煤焦(9.2%)。

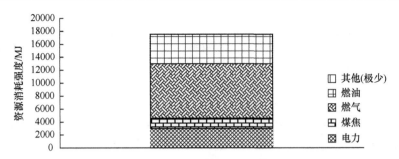

图 9-18　各类资源在再生铝生产资源消耗强度中的占比

9.3　金属铝替代钢铁材料制造汽车零部件的资源节约潜力

运输工具轻量化是实现交通领域可持续发展的有效途径之一。目前，铝合金正在逐渐替代钢铁成为实现汽车零部件轻量化的首选材料。本节计算旨在对比分析钢铁制、铝制汽车零部件的全生命周期资源消耗，弥补传统研究通常仅考虑轻量化的节能效益的不足。

9.3.1　分析对象

本节的计算分析对象为驾驶寿命 50 万 km、车重 1445kg、油耗 10.6L/100km的典型车辆。

9.3.2　减重分析

在材料生产阶段，由本章 9.1 节和 9.2 节的计算结果可知，原铝生产的资源消耗强度(220.48GJ/t)远高于钢铁生产的资源消耗强度(20.24GJ/t)。在材料使用阶段，轻质铝制车辆部件的运行能耗低于传统钢铁制车辆部件的运行能耗，这可在一定程度上弥补铝生产阶段的高资源消耗强度，而轻质车辆部件是否具有全生命周期资源节约潜力则取决于铝合金替代钢铁材料的减重效果。

铝合金材料在整个车辆结构中主要应用于保险杠、空调器、车轮毂、发动机等典型零部件，表 9-9 为铝合金替代钢铁材料制造不同车辆零部件的减重效果。

表 9-9　铝合金替代钢铁材料的减重效果

部件	钢铁件质量/kg	铝合金件质量/kg	减少重量/kg
轮毂	59.85	42.2	17.65
车身	357	229.5	127.5

部件	钢铁件质量/kg	铝合金件质量/kg	减少重量/kg
转向操纵杆	2.1	1.1	1
发动机缸盖	22.5	9.1	13.4
油泵机	1.85	0.7	1.15
传动箱壳	18.25	6.6	11.65

车辆减重 100kg 所带来的燃料节约率(行驶 100km 的燃料节约量)可由公式(9-4)计算获得

$$S = E \times 100 / M \times (1 - W) \tag{9-4}$$

式中，S 为燃料节约率；M 为车辆总重；E 为 100km 耗油量；W 为车辆所受空气阻力与其所受全部阻力之比的平均值(取 0.4)。

由公式(9-4)获得本节分析对象减重 100kg 的燃料节约率为 0.33kg/100km。在此基础上，可得铝制零部件在本节分析对象中应用的综合自然资源节约量的表达式为

$$\Delta \mathrm{CExD} = \mathrm{CExD}_{\mathrm{Fe}} M_{\mathrm{Fe}} - \mathrm{CExD}_{\mathrm{Al}} M_{\mathrm{Al}} + S \times 5000 \times \left(\frac{M_{\mathrm{Fe}} - M_{\mathrm{Al}}}{100} \right) \times \mathrm{Ex}_{\mathrm{fuel}} \tag{9-5}$$

式中，$\Delta \mathrm{CExD}$ 为铝制部件与钢铁制部件的资源消耗强度差；$\mathrm{CExD}_{\mathrm{Fe}}$ 为钢铁材料生产的资源消耗强度；$\mathrm{CExD}_{\mathrm{Al}}$ 为原铝生产的资源消耗强度；M_{Fe} 为钢铁制部件的重量；M_{Al} 为铝制部件的重量；S 为采用轻质零部件的燃料节约率；$\mathrm{Ex}_{\mathrm{fuel}}$ 为上游燃料获取阶段的资源消耗强度。

9.3.3　铝制车辆零部件的资源节约效果

图 9-19～图 9-24 显示了各个车辆零部件的累积资源消耗量随车辆行驶距离的变化关系。图中，y 轴截距代表零部件生产的资源消耗量；实线与虚线分别代表铝材与钢铁材；直线斜率代表单位行驶距离(1 万 km)所消耗燃料在其上游生产阶段的资源消耗量；实线与虚线的交点为临界行驶距离，达到此距离时，铝制部件与钢铁制部件的累积资源消耗量相等，超越此距离后，铝制部件逐渐表现出资源节约效果，六种车辆零部件的临界行驶距离分别为：20.5 万 km、15.2 万 km、8.9 万 km、5.2 万 km、4.5 万 km 与 4.2 万 km。

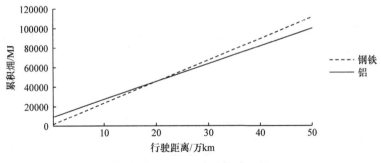

图 9-19　轮毂的临界行驶距离

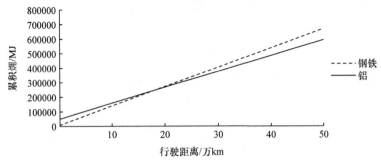

图 9-20　车身的临界行驶距离

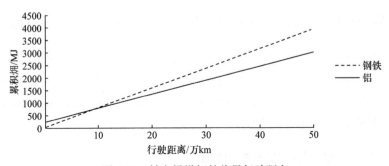

图 9-21　转向操纵杆的临界行驶距离

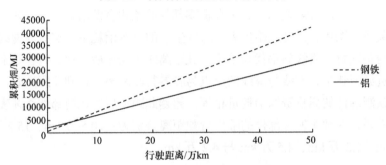

图 9-22　发动机的临界行驶距离

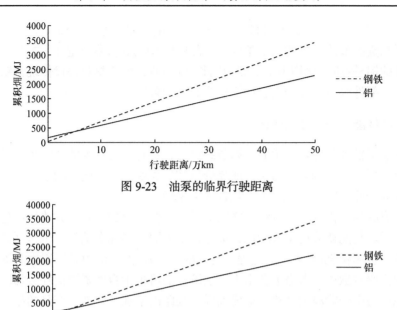

图 9-23　油泵的临界行驶距离

图 9-24　传动箱壳的临界行驶距离

通过公式(9-5)计算得到不同铝制车辆部件的全生命周期资源节约效果，如表 9-10 所示。

表 9-10　不同铝制车辆零部件的资源节约效果

部件	钢铁制部件质量/kg	铝制部件质量/kg	减少重量/kg	部件质量比 ($M_铝/M_钢铁$)	资源节约量/MJ
轮毂	59.85	42.2	17.65	0.71	11639.81
车身	357	229.5	127.5	0.64	99170.52
转向操纵杆	2.1	1.1	1	0.52	917.976
发动机缸盖	22.5	9.1	13.4	0.40	13430.23
油泵机	1.85	0.7	1.15	0.38	1168.808
传动箱壳	18.25	6.6	11.65	0.36	11938.91

将相关参数代入公式(9-5)，可推得如下关系：

$$\Delta CExD = 1138.24 M_{Fe} - 1338.48 M_{Al} > 0$$
$$\Rightarrow 1138.24 M_{Fe} - 1338.48 M_{Al} > 0$$
$$\Rightarrow \frac{M_{Al}}{M_{Fe}} < 0.85 \tag{9-6}$$

由公式(9-6)可知，铝制部件与钢铁制部件的质量比小于 0.85 是以铝代钢具有生命周期资源节约效果的决定条件。而表 9-10 中的相关数据显示，本节所分析各零部件的铝-钢质量比均小于 0.85，因此，以轻质铝合金材料替代传统钢铁材料制造车辆零部件可有效提升交通运输行业的资源效率。

9.3.4　与纯能耗分析结果的比较

对于车辆零部件轻量化的资源节约潜力，也有学者从纯能耗的角度对其进行了定量分析。以车辆轮毂为例，能耗分析结果表明，铝制轮毂的临界行驶距离为 12 万 km，明显低于本节计算结果(20.5 万 km)。

造成两种分析方法所得结果之间差异的主要原因如下：①方法体系包含资源种类不同。与能耗分析结果相比，㶲分析结果既包括能源消耗，也包括天然矿物与可再生资源消耗(水力发电过程所消耗的水能)。由于电力是原铝生产资源消耗强度的主要贡献项，考虑上游水力发电阶段的可再生自然资源消耗会加剧铝制部件在原材料生产阶段的劣势，造成临界行驶距离增加。②能源产品的品质问题。金属生产综合能耗统计所采用的煤电转化系数 0.1229kgce/(kW·h)，仅是能量单位千瓦时与标煤热值的换算当量，无法反映煤电之间的资源品质差异以及发电过程的能源转化效率；与此不同，在㶲表征结果中，电力生产的资源消耗强度远高于煤炭生产，这一现象也会增加铝制车辆部件的临界行驶距离。

参 考 文 献

陈伟庆, 朱宪国, 郑宏光, 等, 2001. 高铁水热装比电弧炉冶炼技术. 钢铁, 36(7): 17-20.
丁宁, 高峰, 王志宏, 等, 2012. 汽车用铝合金零部件的节能减排分析. 汽车技术, (2): 55-59.
丁宁, 高峰, 王志宏, 等, 2012. 原铝与再生铝生产的能耗和温室气体排放对比. 中国有色金属学报, 22(10): 2908-2915.
金凤奎, 周伟, 张新文, 等, 2009. 电炉提高热装铁水比的生产实践. 宝钢技术, (6): 51-55.
李光强, 朱诚意, 2006. 钢铁冶金的环保与节能. 北京: 冶金工业出版社.
陆钟武, 1984. 工业节能的若干问题. 东北大学学报(自然科学版), 3: 105-119.
陆钟武, 蔡九菊, 2010. 系统节能基础. 沈阳: 东北大学出版社.
孙博学, 2013. 材料生命周期评价的㶲分析及其应用. 北京: 北京工业大学.
王宏涛, 2016. 材料生命周期评价的水资源耗竭㶲表征模型研究及其应用. 北京: 北京工业大学.
王祝堂, 张新华, 2011. 汽车用铝合金. 轻合金加工技术, 39(2): 1-14.
徐匡迪, 蒋国昌, 2000. 中国钢铁工业的现状和发展. 中国工程科学, 2(7): 1-9.
《中国钢铁工业年鉴》编辑委员会, 2012. 中国钢铁工业年鉴 2012. 北京: 冶金工业出版社.
《中国有色金属工业年鉴》编辑委员会, 2011. 中国有色金属工业年鉴 2010. 北京: 中国国家有色金属工业协会.
《中国有色金属工业年鉴》编辑委员会, 2012. 中国有色金属工业年鉴 2011. 北京: 中国国家有色金属工业协会.

周和敏, 2001. 钢铁材料生产过程环境协调性评价研究. 北京: 北京工业大学.

Bertram M, Buxmann K, Furrer P, 2009. Analysis of greenhouse gas emissions related to aluminium transport applications. International Journal of Life Cycle Assessment, 14(1): 62-69.

第10章 典型多输出冶金过程的资源消耗强度分析

多元素共生现象普遍存在于有色金属冶炼工业之中，采用科学客观的分配方法编制多输出冶金过程的生命周期清单，对分析理解共生金属冶炼的资源消耗强度至关重要。本章以金属镍-铜共生冶炼系统为研究对象，针对我国天然镍矿的化学成分特点，建立基于冶炼流程输入-输出物理关联的清单分配因子计算方法，在此基础上，采用㶲表征模型对比分析火法、湿法、再生等不同冶炼工艺的资源消耗强度，为金属镍冶炼的工艺择优提供科学依据，也为将资源耗竭㶲表征模型应用于多输出冶金过程提供参考范式。

10.1 我国镍工业发展现状

镍是一种在自然界中储量比较丰富的金属元素，其地壳储量仅次于硅、氧、铁、镁。图 10-1 为近五年来我国金属镍生产、消费情况，由图可知，2016 年，我国金属镍生产量与消费量已达 57.4 万 t 与 106.2 万 t，分别占全球生产、消费总量的 30% 与 53%，中国已成为全球最大金属镍消费国与仅次于俄罗斯的全球第二大金属镍生产国。

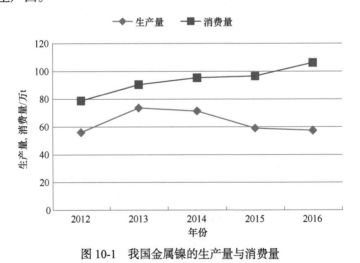

图 10-1　我国金属镍的生产量与消费量

与供大于求的全球镍市场相反，由于我国天然镍矿储量较低，国内镍市场长期呈现出供不应求的局面。美国地质调查局发布的世界矿产资源分布数据显示，全球 60%以上的镍矿分布于以下五个国家：俄罗斯(15.6%)、印度尼西亚(12.8%)、菲律宾(12.8)、加拿大(11.1%)和澳大利亚(10%)；中国镍矿储量仅占全球总储量的3.7%，与我国镍工业规模严重不相匹配。为了有效解决市场规模与资源储量之间的矛盾，近年来我国从东南亚国家进口大量红土镍矿以实现镍资源的供需平衡，此外，政府大力支持开发含镍废料的循环再生技术以期从根本上实现我国镍工业的可持续发展。

10.2　金属镍生产技术与研究对象

10.2.1　镍元素的存在形式

自然界中的含镍矿物包括硫化镍矿和氧化镍矿两大类。硫化镍矿所含大部分镍元素以类质同象形式赋存于磁黄铁矿中，而氧化镍矿所含镍元素则主要赋存于镍褐铁矿中。全球已探明品位达 1%的镍矿储量为 1.3 亿 t，其中 60%属于红土镍矿(氧化镍矿)，主要分布于古巴、新喀里多尼亚、印度尼西亚、菲律宾、巴西、哥伦比亚和多米尼加等位于赤道附近的国家，40%属于硫化镍矿，主要分布于加拿大、俄罗斯、澳大利亚、南非、津巴布韦和博茨瓦纳等国。

天然硫化镍矿的品位通常为 1%左右，经选矿处理后的精矿品位可达 6%～12%，且含有燃料成分(硫化铁)，极具工业价值。天然红土镍矿的品位在 1%～3%，具有难以选矿富集、伴生金属量小、无含硫矿物等特点。表 10-1 列出了具有工业应用价值的各类镍矿及其化学成分。

表 10-1　镍矿及其化学成分

矿物名称	化学成分
镍黄铁矿	$(Fe,Ni)_9S_8$
镍磁黄铁矿	$(Fe,Ni)_7S_8$
针硫镍矿	NiS
紫硫镍铁矿	$(Fe,Ni)_2S_4$
辉铁镍矿	$3NiS \cdot FeS_2$
暗镍蛇纹石	$4(Ni,Mg)_4 \cdot 3SiO_2 \cdot 6H_2O$
硅镁镍矿	$H_2(Ni,Mg)SiO_4 \cdot nH_2O$
镍红土矿	$(Fe,Ni)O(OH) \cdot nH_2O$

另一方面，除自然界外，镍元素还广泛分布于废旧合金、报废电池、废催化

剂等工业废弃物中。随着循环经济理念的不断普及深化，散落在"城市矿山"中的含镍废弃物正在成为新兴"镍矿"以保障金属镍工业可持续发展。

10.2.2　硫化镍矿提取金属镍

由于原料品质较高、生产技术成熟，目前硫化镍矿冶炼工艺的金属镍产量约占全球金属镍总产量的 60%。硫化镍矿冶炼工艺分为火法与湿法两类。其中，火法工艺是我国最常用的镍冶炼工艺，其主要生产流程包括造锍熔炼、低镍锍吹炼、高镍锍磨浮分离与电解精炼；湿法工艺可进一步分为高镍锍湿法提取工艺和硫镍矿湿法提取工艺，前者对火法吹炼流程所产出的高镍锍进行选择性浸出-还原处理，避免了火法路线中能耗较高、工艺繁琐的阳极板熔铸流程和电解精炼流程，后者的浸出对象是硫化镍矿及其浮选精矿，生产成本较高，实际应用较少。

图 10-2 为本章所研究硫化镍矿冶炼工艺的系统边界。图中，对 Sys1 与 Sys2 的划分意在突出系统边界中存在分配问题的多输出生产流程，此外，磨浮分离流程的虚线框表示其仅参与火法工艺(电解流程)而不参与高镍锍湿法工艺。

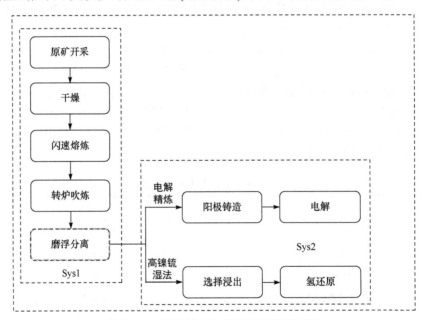

图 10-2　硫化镍矿冶炼工艺的系统边界

10.2.3　氧化镍矿提取金属镍

随着硫化镍矿保有储量急剧下降，红土镍矿的采冶比例呈现出持续上升的趋势。就国内情况而言，我国红土镍矿储量不大，参与开发海外红土镍矿资源已势在必行。

氧化镍矿矿床分为铁钴含量较高、镍含量较低的褐铁矿层(上)，镍含量较高、铁钴含量较低的硅镁镍矿层(下)，以及主要金属含量介于上下矿层之间的过渡矿层(中)。一般而言，矿床中的上层矿物适合于湿法冶炼工艺，下层矿物适合于火法冶炼工艺，而中间层矿物则同时适合于两种冶炼工艺。湿法冶炼工艺可处理低品位原矿，且金属回收率较高，现已被广泛应用于大型氧化镍矿处理厂，其生产系统边界如图 10-3 所示。

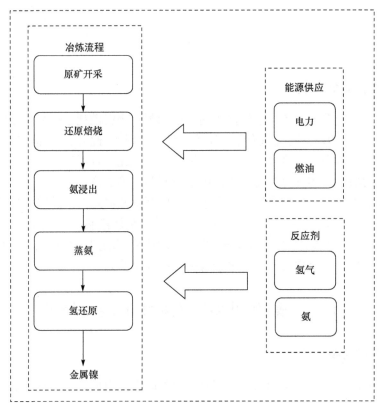

图 10-3　红土镍矿湿法冶炼工艺的系统边界

10.2.4　合金废料回收金属镍

含镍废料种类繁多、性质复杂，系统收集相关基础数据十分困难。本章计算重点考虑镍铬合金废料重熔工艺，以说明金属镍循环再生的资源节约潜力。

如图 10-4 所示，原镍冶炼的生产目的是提取天然矿物中的镍元素，而再生镍冶炼的生产目的则是循环利用废弃产品中的镍元素。就本章计算而言，由合金废料回收金属镍的系统边界为图 10-4 中的"再生镍"部分，主要包括粗镍阳极板制备与电解精炼两个流程。

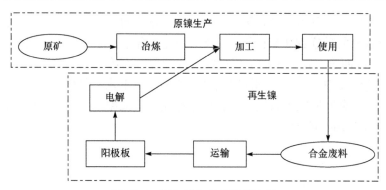

图 10-4　再生镍生产的系统边界

10.2.5　资源清单数据来源

金属镍生产系统中各个冶炼流程的直接能源、物料消耗数据取自《中国有色金属工业年鉴 2013》与《重有色金属冶炼设计手册》。此外，低品位镍矿开采对自然土地资源的损害程度远大于铁矿与铝土矿，因此，资源清单编制还需考虑土地资源使用项，具体计算模型与表征因子参照前文第 5 章。

金属镍生产属于典型多输出冶金系统，根据资源输入与产品输出之间的物理化学关联可将系统整体资源输入清单分配至不同金属产物(重点考虑金属镍与金属铜)。分配过程所需各类基础数据，例如，冶炼流程的热平衡数据、金属产物的物理化学参数等主要取自《重有色金属冶炼设计手册》。

10.3　镍–铜共生冶炼系统的能耗分配

10.3.1　分配问题存在性识别

本节采用广义逆算子判断是否需要对硫镍矿火法冶炼系统的资源清单进行分配处理。

表 10-2 列出了硫镍矿火法冶炼工艺的技术矩阵，表中数据为相应金属产物中的金属元素含量(而非金属产物实物量)，正值与负值分别代表流程产出与流程消耗，例如，选矿流程列的数据–1.21(原矿)与 1(精矿)表示产出含 1t 镍元素的精矿所消耗原矿的含镍量为 1.21t。

表 10-2　硫镍矿火法冶炼工艺的技术矩阵

	采矿	选矿	干燥	熔炼	吹炼	分离	熔铸	电解
原矿	1	–1.21	0	0	0	0	0	0
精矿	0	1	–1	0	0	0	0	0

续表

	采矿	选矿	干燥	熔炼	吹炼	分离	熔铸	电解
干矿	0	0	1	−1.02	0	0	0	0
低镍锍	0	0	0	1	−1.03	0	0	0
高镍锍	0	0	0	0	1	−1.16	0	0
二次精矿	0	0	0	0	0	1	−1.02	0
阳极板	0	0	0	0	0	0	1	−1.02
电解镍	0	0	0	0	0	0	0	1
硫化亚铜	0	0	0	0.5	0	0	0	0

本章分析所设定的功能单位(1t 金属镍)可表示为向量 $k=[0\,0\,0\,0\,0\,0\,0\,1\,0]^T$，将技术矩阵与功能单位向量代入公式(10-1)，计算得到分配问题存在性判别值为0.48，依此可判定所研究生产系统的清单编制存在分配问题(判别值大于 0 表明分配问题存在)。

$$In = \left\| B \times B^P \times \alpha - \alpha \right\| \tag{10-1}$$

式中，In 为分配问题存在性判断值；B 为 $n \times m$ 阶技术矩阵；B^P 为技术矩阵 B 的广义逆矩阵($m \times n$)；向量 $B \times B^P \times \alpha - \alpha$ 为最小剩余量；算符 $\| \ \|$ 为向量模算符，即 $\left(\alpha_1^2 + \alpha_2^2 + \cdots + \alpha_n^2 \right)^{1/2}$。

10.3.2　基于流程输入−输出物理关联的能耗分配

10.3.2.1　生产系统中各流程的能耗形式

含镍化合物与含铜化合物在磨浮分离流程之前的生产过程中(Sys1)处于共生状态，经历磨浮分离处理之后(进入 Sys2)，镍、铜产物分别进入相应精炼流程，因此，清单分配问题仅存在于 Sys1 中。

表 10-3 列出了 Sys1 中各生产流程消耗能源的具体形式，包括：输出机械工(MW)、水分蒸发热(EAW)、化学反应热(EAC)、金属产物显热(SHM)、气体排放物显热(SHEG)、炉渣显热(SHS)和生产过程热耗散(ED)，图形●与◆分别代表产品输出比相关能耗(受镍−铜产物输出比影响的能耗形式)与产品输出比无关能耗(不受镍−铜产物输出比影响的能耗形式)。由表中信息可知，化学反应热与气体排放物显热在熔炼流程属于产品输出比相关能耗，而吹炼流程则属于产品输出比无关能耗；产生这一现象的原因是金属物料参与熔炼流程中的化学反应，而不参与吹炼流程中的化学反应，吹炼流程中仅发生如式(10-2)所示的造渣反应，并不改变

镍铜物料的化学存在形式。

$$2FeS + 3O_2 + 3SiO_2 \Longrightarrow 2FeO \cdot 3SiO_2 + 2SO_2 \qquad (10\text{-}2)$$

表 10-3　各生产流程的能耗形式

	开采	干燥	熔炼	吹炼	磨浮分离
金属产物显热			◆		
化学反应热			◆	●	
气体排放物显热			◆	●	
水分蒸发热		●			
炉渣显热			●		●
输出机械工	●				●
生产过程热耗散		●	●	●	

10.3.2.2　开采、干燥、吹炼、磨浮分离流程的能耗分配

开采、干燥、吹炼和磨浮分离流程的能源消耗均属于产品输出比无关能耗，遵从质量分配原则。根据镍-铜金属物料在上述生产流程中的具体化学组成，计算得到金属镍产物的能耗分配系数为 69%。

10.3.2.3　熔炼流程的能耗分配

熔炼流程的能源消耗形式既包括产品输出比相关能耗，也包括产品输出比无关能耗。其中，产品输出比无关能耗(即表 10-3 中的化学反应热、炉渣显热、生产过程热耗散)遵从质量分配原则，计算得到金属镍产物的分配系数为 69%(同10.3.2.2 节)；产品输出比相关能耗分配遵从物理关联原则，涉及大量产品、流程参数，具体计算过程如下。

1) 金属产物显热

能耗形式金属产物显热的分配基准为金属产物的比热容(c)。镍元素与铜元素在熔炼流程产品低镍锍中的主要化学存在形式分别为 Ni_3S_2 与 Cu_2S，相应热容参数 $c_{Ni_3S_2}$ 和 c_{Cu_2S} 大小分别为 0.8J/(K·g)与 0.5J/(K·g)，在此基础上，计算获得金属镍产物的金属产物显热分配系数为 75%。

2) 化学反应热

化学反应热的分配基准为金属产物的生产化学反应热(Q)以及化学反应计量数。镍元素与铜元素在闪速炉熔炼流程中的化学历程十分复杂，为了提高研究的可行性，选取吸热效应最显著的化学反应作为分配系数的计算基准，如公式(10-3)与公式(10-4)所示。

$$Fe_3Ni_6S_8 \longrightarrow 2Ni_3S_2 + 3FeS + \frac{1}{2}S_2 \tag{10-3}$$

$\Delta H_f(kJ/mol)$　-927.7　　　　-216.3　-100.5

$$2CuFeS_2 \longrightarrow Cu_2S + 2FeS + \frac{1}{2}S_2 \tag{10-4}$$

$\Delta H_f(kJ/mol)$　　-275.1　　　-140.8　-121.7

由标准摩尔生成焓ΔH_f的具体数值，计算得到金属镍和金属铜产物的生产化学反应热Q_{Ni}和Q_{Cu}分别为195kJ/mol与167kJ/mol，结合反应的化学计量数，可确定金属镍产物的化学反应热分配系数为33.3%。

3) 气体排放物显热

气体排放物显热的分配基准为金属物料在反应前后的硫元素释放率(release of sulphur, RS)。由化学反应式(10-3)与式(10-4)可知，反应前后，金属镍元素的化学状态由镍黄铁矿转化为二硫化三镍，而金属铜元素的化学状态则由黄铜矿转化为硫化亚铜，如式(10-5)与式(10-6)所示，参数RS_{Ni}与RS_{Cu}的数值分别为2/9与1/2，在此基础上，计算得到金属镍产物的气体排放物显热分配系数为45%。

$$(Ni,Fe)_9S_8 \longrightarrow Ni_3S_2$$

硫元素与金属元素物质的量之比(mol/mol)　$\dfrac{8}{9}$　　　$\dfrac{2}{3}$ $\Rightarrow RS_{Ni}=\dfrac{2}{9}$ (10-5)

$$CuFeS_2 \longrightarrow Cu_2S$$

硫元素与金属元素物质的量之比(mol/mol)　$\dfrac{1}{1}$　　　$\dfrac{1}{2}$ $\Rightarrow RS_{Cu}=\dfrac{1}{2}$ (10-6)

利用参数RS确定气体排放物显热分配系数隐含着如下假设：废气产生量与硫元素释放量之间存在正相关性。金属物料释放出的硫元素以二氧化硫的形式存在于废气之中，而废气是由多种气体组成的混合物，除二氧化硫外废气中还包括N_2、O_2等气体物质，在此意义上，参数RS仅能表征废气显热的一部分而非全部。但是，就生产目标而言，将气体物质引入闪速炉的直接目标是脱硫，金属物料的含硫量越高，熔炼流程对空气(O_2)的需求量就越大，废气产生量也越大。由此可知，废气产生量与硫元素释放量(脱除量)之间存在一定程度的正相关性，参数RS可近似反映出气体排放物显热与金属产物之间的定量物理关联。

图10-5为熔炼流程能耗分配结果。图中，与各能耗形式相对应的百分比数值(例如，与气体排放物显热相对应的43%)代表该能耗形式在流程总能耗中的占比；在质量分配和物理关联分配结果中，右端点状矩形长度与左端网状矩形长度占矩形总长度的比例分别代表金属镍产物的能耗分配系数与金属铜产物的能耗分配系数。对各类能耗形式的能耗分配系数进行加权求和，获得熔炼流程的总能耗分配

系数(金属镍产物)为 56%。

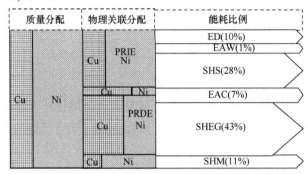

图 10-5　熔炼流程的能耗分配结果

10.4　金属镍不同冶炼方式的资源消耗强度

10.4.1　硫化镍矿冶炼工艺的资源消耗强度

10.4.1.1　火法冶炼工艺的资源消耗强度分析

　　基于金属镍产物的能耗分配系数，计算获得硫镍矿火法冶炼工艺的资源消耗强度为 224GJ/t，如图 10-6 所示。图中，矩形代表生产流程，椭圆代表资源输入，椭圆中数据为相应资源消耗量的烟表征结果(此结果包含非初级资源在上游获取阶段的累积资源消耗量)，单位为 GJ/t。

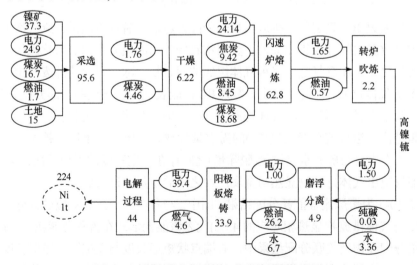

图 10-6　硫镍矿火法冶炼工艺的资源消耗强度

　　由图 10-7 可知，采选阶段的资源消耗量占金属镍生产资源消耗总量的 38%，是资源消耗强度最高的生产阶段,这明显有别于其他类型金属材料(如钢铁与原铝等)生产系统中冶炼流程资源消耗强度最高的现象。这一结果的原因有以下两点:①金属硫化物的资源属性较高;②原矿开采阶段的土地资源损害量较大。以下分别对二者进行讨论。

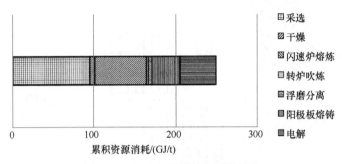

图 10-7　各生产阶段的资源消耗量

10.4.1.2　金属硫化物的资源属性

1) 硫化矿物与其他类型矿物的资源属性对比

钢铁、铝等金属材料冶炼过程所消耗的天然矿物主要为金属氧化物,如四氧化三铁(Fe_3O_4)、三水铝石($Al(OH)_3$)等。由于金属氧化物的化学㶲值仅为原煤化学㶲值的 1/20~1/10,因此物料消耗对钢铁、原铝生产资源消耗强度的贡献很低(小于 3%)。

与此不同,镍元素在自然界中主要以金属硫化物的形式存在,且常与黄铜矿、黄铁矿等其他金属硫化物相伴生。如图 10-8 所示,金属硫化物的化学㶲值明显高于金属氧化物的化学㶲值,与原煤化学㶲值的数量级相同(为原煤化学㶲值的2/5~1/2)。

图 10-8　不同矿产资源化学㶲值的对比

图 10-9 显示了硫镍矿火法冶炼工艺的资源消耗结构,由图可知,硫镍矿消耗在金属镍生产资源消耗总量中的占比高达 16%,这一结果体现了㶲模型统一表征"量"消耗与"质"消耗的方法优势。

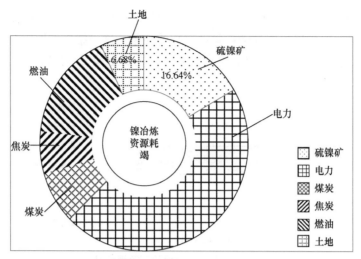

图 10-9　不同类型资源在资源消耗强度计算结果中的占比

2) 硫镍矿高资源属性的理论解释

通过 Szargut 所提出的化学㶲计算原则，可进一步分析上述现象(硫镍矿高资源属性)的产生原因。金属元素在自然界中的化学存在状态十分复杂，Szargut 选取自然界中最常见、最稳定的金属化合物作为计算元素化学㶲值的基准物质体系，其中，大多数金属元素的基准物质均为金属氧化物(也有部分例外，如 Au 元素与 Ag 元素，由于前者的化学性质不活泼，而后者的氧化物不稳定，故 Szargut 分别选取单质 Au 与 AgCl 作为计算二者化学㶲值的基准物质)，例如，Fe 元素和 Ni 元素的基准物质分别为 $Fe_2O_{3(s)}$ 和 $NiO_{(s)}$。

物质的化学㶲值代表物质与参考环境之间的化学强度量偏差。对于材料生产所消耗的天然矿物，其化学成分与参考环境中基准物质体系的化学成分越接近(即偏差越小)，矿物的资源属性越低，消耗矿物所造成的资源耗竭潜力越小(这一趋势定性体现出㶲表征模型与稀缺度模型的一致性)。因此，金属氧化物消耗在冶金过程资源消耗强度中的占比很低。

硫镍矿火法冶炼工艺所消耗天然矿物的化学成分以金属硫化物为主，明显异于化学㶲计算基准物质体系的化学成分(即金属氧化物)，具有较高的资源属性。化学㶲计算所选定的基准物质体系处于热力学平衡状态，其中任何化学反应都无法自发进行。若某化学反应的反应物均为基准物质，而生成物包括非基准物质(如金属硫化物)，则该反应必是自由能增加的非自发反应(否则，应选取生成物作为化学㶲计算的基准物质以保证基准物质体系的热力学稳定性)，其生成物的资源等级高于反应物的资源等级；反之，如公式(10-7)所示，金属硫化物(非基准物质)向金属氧化物(基准物质)的化学转变则属于资源等级降低的自发反应。

$$FeS + \frac{3}{2}O_2 === FeO + SO_2 \tag{10-7}$$

$$\Delta G_f (kJ/mol) \quad -101 \quad\quad 0 \quad\quad -251 \quad -300$$

3) 矿物耗竭的阶段归属问题

本小节重点分析矿物耗竭的阶段归属问题，即矿物耗竭现象在开采阶段发生还是在冶炼阶段发生？

开采阶段主要凭借机械作用而非化学反应获取天然矿物，仅改变矿物的存在环境与物理状态，并不影响矿物的化学成分；冶炼阶段则不同，在此阶段发生的复杂化学反应可显著改变矿物的化学成分。从"矿产资源在冶炼阶段而非采矿阶段被真正消耗"这一观点出发，如图 10-10 所示，金属镍火法生产系统中采选阶段资源消耗量的 40%应归属至闪速炉熔炼阶段，这将对分析结果产生较大影响。

目前，生命周期评价方法体系普遍将资源耗竭定义为矿物与自然地质环境的脱离，且并未严格规定造成资源耗竭的脱离方式是否应当包含化学反应，因此，矿物耗竭通常被归属至采矿阶段。然而，本小节所讨论的以"生产过程是否存在化学反应"作为资源耗竭发生的判断依据并非没有实际意义。考虑如下假想情景：将某类矿物由地质矿层转移至社会经济系统，而不使之参与金属冶炼生产；由"化学反应判据"可知，此类矿物没有参与任何化学反应，仍具有资源属性，上述"转移"行为并不造成资源耗竭。

一方面，矿物耗竭的阶段归属问题取决于所采用的判断依据是化学性的(以是否发生化学状态变化为依据)还是非化学性的(以是否脱离自然地质环境为依据)；另一方面，已不存在可以进一步鉴别化学判据与非化学判据孰优孰劣的科学原理。这表明裁决不同判断依据的合理性(即确定应当选取化学判据还是非化学判据)需借助主观价值原则，例如，从区域利益的角度考虑，脱离自然界的矿物可能被出口至其他国家，从而造成该资源在出口国的短缺问题。

尽管主观价值原则并非上述问题的理性解决方案，但某些价值原则的实际应用却可能增加生命周期评价结果的合理性。例如，选取"资源效率提升与资源转化技术改进的阶段归属统一"(即采用高效技术的生产流程的资源消耗强度应低于普通生产流程的资源消耗强度)这一价值原则作为判断依据，则矿物耗竭应被归属至金属冶炼阶段而非矿物开采阶段。这是因为将矿物耗竭归属至开采阶段会造成如图 10-10 所示的现象：冶炼阶段的技术改进降低了开采阶段而非冶炼阶段本身的资源消耗强度，这一结果与上述判断依据相违背；而如若将矿物耗竭归属至冶炼阶段，则其技术改进可降低这一阶段本身的资源消耗强度，与判断依据相符。

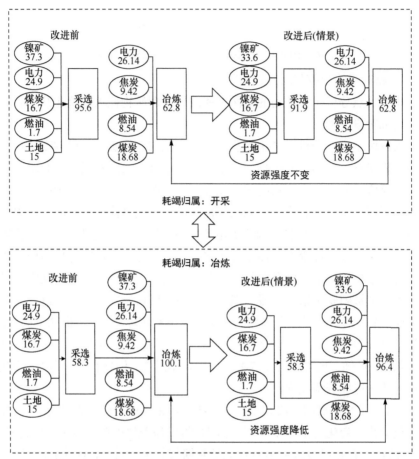

图 10-10　阶段归属问题对流程分析结果的影响(单位：GJ/t)

　　综上所述，目前学术界虽有关于资源耗竭阶段归属问题的暂时定论，但其并非建立在绝对客观的科学基础之上。对于这一问题的进一步探究已超出了本书的讨论范围。

10.4.1.3　硫镍矿开采的土地资源破坏强度

1) 硫镍矿开采的土地使用量

　　编制有色金属开采的土地资源使用清单需考虑地下开采(坑采)与露天开采(露采)两种采矿方式，如公式(10-8)和公式(10-9)所示：

$$S_{\text{Underground Mining}}\left(\frac{\text{m}^2}{\text{t}}\right)=\frac{1+\text{GU}(\%)}{\text{DEN}\left(\frac{\text{t}}{\text{m}^3}\right)\times\text{DE(m)}\times\left(1-\text{DR}(\%)\right)} \qquad (10\text{-}8)$$

$$S_{\text{Strip Mining}}\left(\frac{\text{m}^2}{\text{t}}\right)=\frac{1}{\text{DEN}\left(\dfrac{\text{t}}{\text{m}^3}\right)\times\text{DE}(\text{m})\times\left(1-\text{DR}(\%)\right)}+S_{\text{Dump}}\left(\frac{\text{m}^2}{\text{t}}\right) \quad (10\text{-}9)$$

式中，$S_{\text{Strip Mining}}$ 与 $S_{\text{Underground Mining}}$ 分别代表地下开采与露天开采吨有色金属矿物的土地使用面积；DE 为矿层厚度；DR 为矿石损失率(开采过程损失的矿石量或金属元素量占整个矿区的矿石量或金属元素量的百分比)；GU 为坑采的放采比；S_{Dump} 为露采的排土场面积。

将硫镍矿开采的相关参数代入上述公式，可得坑采、露采 1t 镍精矿的土地使用面积分别为 0.18m²、0.55m²。与常用非金属矿物相比，这一数值明显高于开采水泥生产用灰岩(约占全国矿石出矿总量的 1/5)的土地使用面积 0.01m²。与常用有色金属矿物相比，如铜(1.55m²/t)、铅(0.65m²/t)、锌(0.43m²/t)、锡(4.89m²/t)、锑(2.08m²/t)、钨(10.89m²/t)、钼(22.38m²/t)等，镍矿开采的土地使用量并不突出，然而，如表 10-4 所示，镍精矿的品位明显低于其他有色金属精矿，所以吨金属镍冶炼所消耗的精矿量远高于其他有色金属冶炼(为其他有色金属冶炼精矿消耗量的 3～8 倍)，因此，土地资源使用对硫镍矿火法工艺的资源消耗强度的贡献较大。

表 10-4　常用有色金属的精矿品位

矿物类型	铜	铝	铅	锌	镍
精矿品位/%	21.70	64.50	63.09	50.13	7.48

矿物类型	锡	锑	钨	钼
精矿品位/%	44.23	33.18	62.90	51.09

2) 土地类型选取的敏感性问题

由第 5 章中所建立的土地资源㶲表征模型可知，土地类型是影响土地资源表征结果的重要因素。我国最大的硫镍矿矿床位于甘肃省金昌市(金川集团所在地)，该地西南搭界青海省、西北毗邻内蒙古自治区，全境土地面积约为 1439 万亩[①]，其中草滩地约为 670 万亩，占全境土地面积总量的 46.6%，因此，本章计算所选取的土地类型为草地。

以不同类型土地资源的面积百分比为权重系数对土地资源㶲特征化因子进行加权求和，可得我国土地资源的平均㶲特征化因子。应用这一特征化因子计算得到的硫镍矿开采土地资源损害与本章计算结果的数量级相同，数值相差约 17%。这一数值差异虽不可忽略，但考虑到"平均土地类型"亦非对实际情况的精准反

---

① 1 亩≈666.7m²。

映，选取草地作为量化硫镍矿开采所造成土地资源损害的类型基准并不会对理解土地资源在金属镍冶炼资源消耗强度中的重要性产生实质影响。

10.4.1.4　高镍锍湿法工艺的资源消耗强度分析

硫酸选择性浸出-氢还原工艺的基本过程是采用常压与加压相结合的方法分段浸出细磨后的高镍锍，再通过氢气还原法从净化后的浸出液中提取金属镍。相比于如图 10-6 所示的硫镍矿火法冶炼工艺，高镍锍湿法冶炼工艺以低能耗的选择性浸出-氢还原生产路线代替了高能耗的磨浮分离-阳极板熔铸-电解精炼生产路线(磨浮分离、阳极板熔铸与电解精炼流程的资源消耗量约占硫镍矿火法冶炼工艺总资源消耗量的 40%)。如图 10-11 所示，高镍锍湿法工艺的资源消耗强度为174GJ/t，比火法工艺的资源消耗强度低 22%。

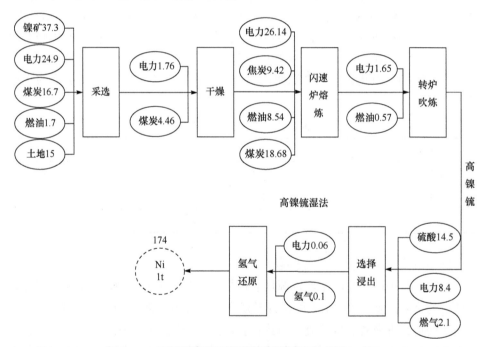

图 10-11　高镍锍湿法工艺的资源消耗强度(单位：GJ/t)

10.4.2　红土镍矿冶炼工艺与废旧合金重熔工艺的资源消耗强度

10.4.2.1　红土镍矿还原焙烧-氨浸工艺的资源消耗强度分析

红土镍矿中的镍元素一般以铁酸盐形态存在，经还原焙烧后可转变为金属镍或镍铁合金。在红土镍矿还原焙烧-氨浸工艺系统中，还原焙烧流程的生产目的是使镍元素易于浸出、易于与脉石相分离；氨浸流程的生产目的是通过选择性浸出使焙砂中的镍元素以不稳定氨络合物形态进入溶液,与浸出渣中的脉石相分离,浸出产物经蒸氨后再由氢气还原即可制得金属镍产品。

图 10-12 为红土镍矿还原焙烧-氨浸出工艺资源消耗强度的流程解析。由图可知,当原矿品位为 1%与 2%时,红土镍矿冶炼工艺的资源消耗强度分别为 380GJ/t 与 223GJ/t。计算两个原矿品位情景下的资源消耗强度是为了说明红土镍矿冶炼工艺与硫化镍矿冶炼工艺之间资源消耗强度差异的产生原因。

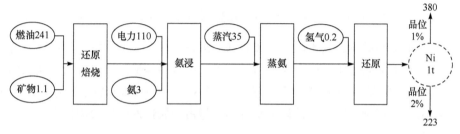

图 10-12　红土镍矿湿法冶炼工艺的资源消耗强度(单位:GJ/t)

如前文所述,全球镍矿资源以红土镍矿为主,其分布极具地缘性,主要集中于赤道线南北 30°以内的热带国家,我国红土镍矿资源贫乏,依赖于从菲律宾等热带国家进口。自 20 世纪 70 年代起,日本已开发垄断了菲律宾国内的高品位镍矿(品位在 2%以上的镍矿),而我国只能进口品位在 0.9%~1.1%的低品位镍矿砂,由本节计算可知,以这一品位矿物为原料的冶炼工艺的资源消耗强度为 380GJ/t,高于硫镍矿火法工艺,如若以高品位镍矿(2%)为生产原料,则红土镍矿还原焙烧-氨浸出冶炼工艺的资源消耗强度可降至与硫镍矿火法工艺相近的水平(223GJ/t)。

除去进口原矿品位低这一政策因素外,红土镍矿生产路线资源消耗强度高的原因还包括技术因素,即难以对红土镍矿进行精选。红土镍矿中的镍元素主要以类质同象形式散存于脉石矿物之中,其粒度较细且具有一定黏度,难以采用机械选矿方法有效提高矿石品位。作为金属镍冶炼工艺原料的红土镍矿的品位仅为 1%左右,明显低于硫镍矿精矿的品位(7%~8%),因此通过红土镍矿还原焙烧-氨浸出冶炼工艺生产 1t 金属镍所需处理的矿物量远高于硫镍矿火法工艺,相应资源消耗强度也较高。

10.4.2.2　镍铬合金废料回收金属镍的资源消耗强度分析

镍铬合金废料主要是镍铬合金生产及加工过程所产生的废料,如镍铬合金浇铸废件、加工切削物、刨花、钻屑、边角余料、元件废次品等。镍铬合金废料回收金属镍工艺主要包括电炉熔炼制备粗镍阳极板与电解精炼两个流程,其资源消耗强度如图 10-13 所示。

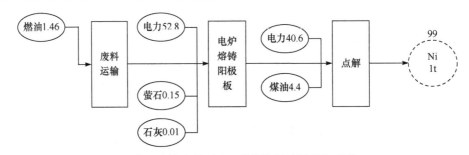

图 10-13　典型含镍废料再生工艺的资源消耗强度(单位：GJ/t)

　　与获取天然矿物原料不同，镍废料获取过程是一个分散收集、集中处置各类含镍废弃物的复杂过程，图 10-13 所独立列出的废料运输阶段对分析金属镍回收的生命周期资源消耗强度至关重要。本节采用全国平均公路货物运输距离(173km)，计算得到废料运输阶段的资源消耗量占金属镍回收生命周期资源消耗总量的 1.5%。

　　就实际情况而言，含镍废料的运输方式十分复杂，难以精准确定其运输距离，如若选取其他类型废旧合金的运输情况作为计算依据，则含镍废料运输阶段对金属镍回收资源消耗强度的贡献将由 1.5%升至 7%。此外，含镍废料的来源十分复杂，受限于现阶段相关基础数据缺失，本节仅分析了含镍量较高的合金加工废料的循环再生过程，对于电子废弃物等低品位含镍废料，以回收 1t 金属镍为对比基准，则其获取阶段的货物运输量显著高于废旧合金，所消耗资源量在回收工艺资源消耗强度中的占比也更高。

参 考 文 献

北京有色金属设计研究总院, 1996. 重有色金属冶炼设计手册(铜镍卷). 北京: 冶金工业出版社.
陈甲斌, 2008. 国内外镍资源开发现状. 中国金属通报, 47: 18-19.
陈甲斌, 许敬华, 2006. 我国镍矿资源现状及对策. 矿业快报, 25(8) 1-3.
杜书瑞, 花明, 2010. 国内矿业循环经济研究评述. 中国矿业, 19(5): 25-26.
冯建伟, 2013. 红土镍矿选矿工艺与设备的现状及其展望. 中国有色冶金, 5: 1-6.
何焕华, 2009. 中国镍钴冶金. 北京: 冶金工业出版社.
李艳军, 于海臣, 王德全, 等, 2010. 红土镍矿资源现状及加工工艺综述. 金属矿山, 11: 5-10.
刘宇, 2012. 材料生产的土地使用环境影响评价模型研究及其应用. 北京: 北京工业大学.
姜金龙, 徐金城, 侯尚林, 等, 2005. 共生矿石生产电解镍/铜的生命周期评价研究. 环境科学学报, 25(11): 1570-1574.
蒋继波, 王吉坤, 2001. 红土镍矿湿法冶金工艺研究进展. 湿法冶金, 28(1): 3-10.
莫有怡, 2001. 世界镍业与中国镍业简况. 有色矿山, 30(1): 62-63.
乔富贵, 朱杰勇, 田毓龙, 等, 2005. 全球镍资源分布及云南镍矿床. 云南地质, 24(4): 395-401.
任鸿九, 王立川, 2000. 重有色金属提取手册(铜镍卷). 北京: 冶金工业出版社.

孙博学, 2016. 有色金属生命周期资源消耗强度的㶲分析. 北京: 北京工业大学.

叶大伦, 2002. 实用无机物热力学数据手册. 2 版. 北京：冶金工业出版社.

中国有色金属工业协会专家委员会组织, 2013. 有色金属系列丛书: 中国镍业. 北京: 冶金工业
出版社.

余花琴, 陈敬超, 2007. 镍矿冶过程的生命周期评价研究. 云南冶金, 36(4): 38-41.

袁湘沂, 2005. 浅说我国镍矿产资源, 中国金属通报, 45: 10-12.

《中国交通年鉴》编辑委员会, 2010. 中国交通年鉴 2009. 北京: 中国交通年鉴社.

《中国有色金属工业年鉴》编辑委员会, 2014. 中国有色金属工业年鉴 2013. 北京：中国国家有
色金属工业协会.

Azapagic A, 1996. Environmental System Analysis: the Application of Linear Programming to Life
Cycle Assessment. University of Surrey, Guildford.

Classen M, Althaus H, Blaser S, et al., 2007. Life Cycle Inventories of Metals. Final report ecoinvent
data v2.0. Swiss Centre for Life Cycle Inventories.

Domínguez A, Valero A, Valero A, 2013. Exergy accounting applied to metallurgical systems: the
case of nickel processing. Energy, 62(6): 37-45.

Guinée J, Gorrée M, Heijungs R, et al., 2001. Life cycle assessment, an operational guide to the ISO
standards, final report.

Heijungs R, Frischknecht R, 1998. A special view on the nature of the allocation problem.
International Journal of Life Cycle Assessment, 3(6): 321-332.

Huppes G, Schneider F, 1994. Proceedings of the European work-shop on allocation in LCA. CML,
Leiden.

Pelletier N, Ardente F, Brandão M, et al., 2015. Rationales for and limitations of preferred solutions
for multi-functionality problems in LCA: is increased consistency possible? International Journal
of Life Cycle Assessment, 20(1): 74-86.

Rivero R, Garfias M, 2006. Standard chemical exergy of elements updated. Energy, 31(15):
3310-3326.

Sun B, Nie Z, Gao F, 2014. Cumulative exergy consumption analysis of energy carriers in China.
International Journal of Exergy, 15(2): 196-213.

Sun B, Nie Z, Gao F, et al., 2015. Cumulative exergy demand analysis of the primary aluminum
produced in China and its natural resource-saving potential in transportation. International Journal
of Life Cycle Assessment, 20(8): 1048-1060.

U.S. Geological Survey. U.S. Department of the Interior. Mineral Commodity Summaries 2015.
http://minerals.usgs.gov/minerals/pubs/:2015.

索　引

后　记

本书交稿之时，首先感谢国家科学技术学术著作出版基金的资助和科学出版社的帮助，正是他们的帮助使本书得以顺利出版发行。

在人类社会的物质生产和消耗全过程中，材料生产的工业过程是人类社会与自然环境之间交换物质与能量的桥梁，是大量自然资源的直接消耗者，也是资源耗竭的"第一过程"。本书所论述主题"材料资源耗竭分析"，在经济社会的可持续发展中，是资源能源、材料行业、环境、经济等多学科和应用领域所共同面临的科学和技术问题，其表征模型已成为生命周期评价技术体系的重要组成部分。

自 20 世纪 90 年代中期，跟随左铁镛先生步入产生之初的生态环境材料领域，材料学界借鉴"他山之石"的生命周期评价来定量分析材料环境表现，多关注评价模型参数与基础数据的本土化，以期研究结果能够充分体现我国资源-环境特点，循序渐进地解决了我国若干典型材料和流程环境表征的基本问题。在此过程中，21 世纪初赴日合作研究材料产业环境问题，使我逐渐认识到了立足于多学科角度理解资源耗竭的学术价值，现与读者分享这段边前行、边思索的学术历程，共同把握该研究方向未来的发展脉搏。

材料产品生产消费的物质本质，是在一定由外界能量供给所维持的特殊物理化学条件下，定向改变物质的存在形态，而非创造或消灭物质本身。但长期以来，相关学者大多沿着"用了"即是"耗竭"的唯象思路构建表征体系，这并不符合热力学定律所揭示的物质变化基本客观规律。随着材料生命周期评价研究的实践进程，尤其是对资源循环和废弃物利用过程的研究，我深感需要重新认识资源耗竭的科学内涵，思考如何将资源耗竭表征与材料热力学理论之间的关联，完整地体现在基于环境及经济观点的资源耗竭表征理论框架当中。特别是 2004 年 4 月应邀赴荷兰出席第二届国际生态效率大会，报告后与莱顿大学 Huppe 教授等的彻夜交流讨论，使我开始从材料热力学理论出发，以"㶲"为发力点，酝酿突破学科边界的新思路，以期找到符合材料制备流程物理化学反应特征的资源耗竭表征指标，科学评判材料的生产和使用过程对资源的耗竭程度，进一步完善材料生命周期评价理论。但这一愿望的实现征途涉及的多学科交叉知识面之广及其复杂程度，让我和当时课题组的成员都陷入踌躇满志的讨论和基础知识的学习探究中，同期也未见国际上的相关学者触入这类问题的实质。

2009 年，恰逢研究生孙博学同学提前转入我的博士研究生学习阶段，就资源"㶲"的几次专题讨论，似乎显现出他对"㶲"的感悟灵性，当然这有赖于他前期物理化学、热力学理论和计算数学学习的基础，尤其是对有关研究的浓厚兴趣。随即安排他对相关内容进行专门探索，系统分析了材料生产资源耗竭的物理化学意义与选取热力学函数㶲作为相应表征指标的合理性，主要表述反映在本书的第2 章内容中。我们确定了以学术界广泛接受的标准化学㶲计算方法为基础，在课题组全力建设、日趋成熟的数据平台(现"工业大数据应用技术国家工程实验室")支撑下，计算形成了一套能够体现我国资源特点，内容包括天然矿物、化石能源、土地资源的㶲特征化因子集，形成了本书第 3 章和第 4 章的基础，用于定量分析典型材料生产的资源消耗强度。后续我的博士研究生王宏涛、张宇峰、陈文娟等同学对水资源耗竭表征问题与污染物排放表征问题、稀土提取分离及材料制备流程的资源耗竭表征开展详细研究，丰富了资源耗竭㶲表征模型所涵盖的资源种类，拓展了模型的适用范围，形成了本书第 6 章和第 7 章的基础。

21 世纪元年伊始，我早期的博士研究生崔素萍、龚先政、高峰、刘宇等同学，分别围绕大宗材料生产流程、矿产资源耗竭、土地使用影响等评价模型的本土化开展研究，积累了宝贵经验。随着他们博士毕业加入团队，我们深入探索材料生命周期评价理论，并逐步在技术应用中丰富其研究内涵。他们和后续博士研究生李琛、孟宪策等同学的学位论文及相关持续工作，包括早期左院士的博士生周和敏和狄向华同学更早的学位论文，为本书第 5、8、9 章内容提供了部分素材和计算数据。此外，还将资源㶲的计算方法与席晓丽、马利文老师研究的稀缺金属循环等材料流程相结合，分析典型材料生产过程中资源转化效率的关键制约因素，以此为依据探索提升资源转化效率的有效途径，最终形成了本书第 8～10 章。在本书成稿过程中，孙博学、刘宇等几位老师对各章节的计算内容进行了统一校验，相关材料由孙博学老师整理汇总。

历经二十载艰辛探索，在与多名博士研究生和团队老师们的共同努力下，现已构建完成能够统一量化、综合反映各类资源在材料生产过程中的数量消耗与品质下降两方面内容，且便于数据标准化的材料生命周期资源耗竭㶲表征模型，建立了资源耗竭与热力学函数的定量计算表达，应用于分析材料生产过程资源转化效率的关键制约因素与有效提升途径。已有的点滴积累和形成的数据平台，行业和社会的创新服务，也更加激励我们深耕于有关理论的继续探究，同时逐步将阶段成果集成于开放的实操性软件系统，更好地满足社会各界需求。对材料资源提取和产品制备加工过程中产生的废料，以及废弃物资源利用中的资源㶲分配和计算，是近期的需求和难点，崔素萍教授指导的博士研究生王彦静同学，已开始借助资源㶲函数，对水泥材料生产的废弃物转化效率展开计算和优化研究，以提升利用废弃物生产水泥的资源综合效率。

当然，对资源问题的看法，向来都受当前生产力发展水平的影响，可以说，生产力在一定程度上决定了人类对各类物质所具有资源价值的理解。早期工业革命的发生，改变了人类对煤炭、石油、铁矿等天然物质的基本认知与利用方式，奠定了高度依赖自然资源的传统工业文明。如今，我国经济已迈入高质量发展阶段，资源环境承载力已被规划为刚性约束，在此背景下，发展资源循环技术正在成为材料生产力进步的重大方向，将改变人类对经济高速发展几十年来所积累的大量废弃物的看法，从循环视角重新估量其所具有的资源价值。因此，如何定量分析废弃物所具有的剩余资源价值，如何统一表征已具有一定热历史及反应历史的废弃物与纯粹天然物质，如何科学分配废弃物在其上游获取阶段的资源消耗量等一系列难题，是资源利用领域未来亟待突破的关键问题，合理解决这些问题将有助于实现工业文明的永续发展。

此外，随着研究的持续深入，我体会到了多学科融合所带来的学术挑战，尤其是在对土地资源表征、水资源表征、污染物环境影响表征等近乎原汁原味的生态问题的突破过程中，尝试将材料生产流程中的某些物质转变现象与生态学的基本原理相结合，这着实令我们这些"门外汉"下了一番苦工夫，可谓殚精竭虑。几位博士研究生曾为所取得的一些进展而感到柳暗花明，但思量再三，我认为我们对模型中所借鉴的某些生态假设与基础数据的理解程度还远远不够。对于这些问题，希望我们所积累的这一点工作能够起到抛砖引玉的效果，正如《〈风雪之夜〉序》："这些零碎散记，虽系片言只语，却记下了我最初的一些真实的感受"，难免不妥之辞，恳请读者批评指教。

在成稿过程中，作者还先后求教于数位相关学科的专家学者，受益的讨论丰满了本书，在此一并诚谢赐教！感谢为本书赐序的左铁镛院士、彭永臻院士！

聂祚仁

己亥暑期两入中线水源的旅途